山东省水利工程规范化建设工作指南

（质量与安全监督分册）

李森焱　主　编

山东大学出版社
SHANDONG UNIVERSITY PRESS
·济南·

内容简介

本书在系统总结当前国家、水利部、山东省水利厅有关水利工程规范化建设工作方面规定和要求的基础上,结合实际情况与工作实践,系统阐述了水利工程建设过程中质量与安全监督工作内容。本书包括总则、建设实施前期监督工作、建设实施阶段监督工作、建设验收阶段监督工作、附录等内容。既可供水利建设与管理者使用,也可供高等院校水利工程类专业师生及相关人员学习参考。

图书在版编目(CIP)数据

山东省水利工程规范化建设工作指南. 质量与安全监督分册/李森焱主编. —济南:山东大学出版社,
2022.9
  ISBN 978-7-5607-7642-2

Ⅰ. ①山… Ⅱ. ①李… Ⅲ. ①水利工程-工程项目管理-规范化-山东-指南 Ⅳ. ①TV512-62

中国版本图书馆 CIP 数据核字(2022)第 188381 号

责任编辑 祝清亮
文案编辑 孟希亚
封面设计 王秋忆

山东省水利工程规范化建设工作指南. 质量与安全监督分册
SHANDONG SHENG SHUILI GONGCHENG GUIFANHUA JIANSHE
GONGZUO ZHINAN. ZHILIANG YU ANQUAN JIANDU FENCE

出版发行 山东大学出版社
社 址 山东省济南市山大南路 20 号
邮政编码 250100
发行热线 (0531)88363008
经 销 新华书店
印 刷 山东和平商务有限公司
规 格 787 毫米×1092 毫米 1/16
      12.25 印张 207 千字
版 次 2022 年 9 月第 1 版
印 次 2022 年 9 月第 1 次印刷
定 价 42.00 元

《山东省水利工程规范化建设工作指南》
编委会

主　任　王祖利

副主任　张修忠　李森焱　张长江

编　委（按姓氏笔画排序）

　　　　王冬梅　代英富　乔吉仁　刘彭江

　　　　刘德领　杜珊珊　李　飞　李贵清

　　　　张振海　张海涛　邵明洲　姚学健

　　　　唐庆亮　曹先玉

《山东省水利工程规范化建设工作指南》
（质量与安全监督分册）
编委会

主　编　李森焱

副主编　代英富　张　鲁　张长江　米丽娟

编　者　刘德领　邵明洲　刘力真　王冬梅

　　　　赵福荣　李林娜　刘　昭　刘　帆

序

  水是生存之本、文明之源，水利事业关乎国民经济和社会健康发展，关乎人民福祉，关乎民族永续发展。"治国必先治水"，中华民族的发展史也是一部治水兴水的发展史。

  近年来，山东省加大现代水网建设，加强水利工程防汛抗旱体系建设，大力开发利用水资源，水利工程建设投资、规模、建设项目数量逐年提升。"百年大计，质量为本"，山东省坚持质量强省战略，始终坚持把质量与安全作为水利工程建设的生命线，加强质量与安全制度体系建设，严把工程建设质量与安全关，全省水利工程建设质量与安全建设水平逐年提升。

  保证水利工程建设质量与安全既是水利工程建设的必然要求，也是各参建单位的法定职责。为指导山东省水利工程建设各参建单位的工作，提升水利工程规范化建设水平，山东省水利工程建设质量与安全中心牵头，组织多家单位共同编撰完成了《山东省水利工程规范化建设工作指南》。

  该书共有6个分册，其中水发规划设计有限公司编撰完成了项目法人（代建）分册，山东省水利勘测设计院有限公司编撰完成了设计分册，山东大禹水务建设集团有限公司编撰完成了施工分册，山东省水利工程建设监理有限公司编撰完成了监理分册，山东省水利工程试验中心有限公司编撰完成了检测分册，山东省水利工程建设质量与安全中心编撰完成了质量与安全监督分册。

  本书在策划和编写过程中得到了水利部有关部门及兄弟省市的专家和同

行的大力支持,提出了很多宝贵意见,在此,谨向有关领导和各水利专家同仁致以诚挚的感谢和崇高的敬意!

因编写任务繁重,成书时间仓促,加之编者水平有限,书中错误之处在所难免,诚请读者批评指正,以便今后进一步修改完善。

编　者

2022 年 7 月

目　录

第 1 章　总　则

1.1　编制目的

为全面贯彻新发展理念，以标准化推动新时代水利建设高质量发展，提高山东省水利工程建设质量与安全监督机构工作水平，根据质量与安全相关法律、法规、规章、规范性文件及技术标准，结合当前山东省水利工程建设质量与安全监督现状，编写本工作指南，以指导水利工程建设质量与安全监督行为。

1.2　适用范围

本工作指南适用于山东省行政区域内大中型水利工程建设质量与安全监督工作，小型水利工程可参照使用。

1.3　编制依据

1.3.1　法律

《中华人民共和国建筑法》（2019 年 4 月修订）。

《中华人民共和国安全生产法》（2021 年 6 月修正）。

《中华人民共和国行政处罚法》（2021 年 1 月修订）。

《中华人民共和国刑法》（2020 年 12 月修正）。

《关于办理危害生产安全刑事案件适用法律若干问题的解释》（2015 年 12 月）。

《中华人民共和国特种设备安全法》（2013 年 6 月通过）。

《中华人民共和国突发事件应对法》（2007 年 8 月通过）。

《中华人民共和国消防法》（2021 年 4 月修正）。

1.3.2 法规

《建设工程质量管理条例》（国务院令第 714 号，2019 年 4 月修订）。

《建设工程安全生产管理条例》（国务院令第 393 号，2004 年 2 月）。

《建设工程勘察设计管理条例》（国务院令第 687 号，2017 年 10 月修订）。

《政府投资条例》（国务院令第 712 号，2019 年 7 月）。

《安全生产许可证条例》（国务院令第 397 号，2014 年 7 月修订）。

《特种设备安全监察条例》（国务院令第 549 号，2009 年 1 月修订）。

《生产安全事故报告和调查处理条例》（国务院令第 493 号，2007 年 6 月）。

《生产安全事故应急条例》（国务院令第 708 号，2019 年 4 月）。

《工伤保险条例》（国务院令第 586 号，2010 年 12 月修订）。

《山东省安全生产条例》（2021 年 12 月修订）。

1.3.3 规章

《水利工程质量管理规定》（水利部令第 49 号，2017 年 12 月修正）。

《水利工程建设项目验收管理规定》（水利部令第 49 号，2017 年 12 月修正）。

《水利工程建设安全生产管理规定》（水利部令第 50 号，2019 年 5 月修正）。

《水利基本建设项目稽察暂行办法》（水利部令第 11 号，1999 年 12 月）。

《水利工程质量事故处理暂行规定》（水利部令第 9 号，1999 年 3 月）。

《水利工程建设监理规定》（水利部令第 49 号，2017 年 12 月修正）。

《水利工程建设监理单位资质管理办法》（水利部令第 50 号，2019 年 5 月修正）。

《水利工程质量检测管理规定》（水利部令第 50 号，2019 年 5 月修正）。

《水利工程建设程序管理暂行规定》（水利部令第 49 号，2019 年 5 月修正）。

《水利工程建设项目管理规定》（水利部令第 48 号，2016 年 8 月修正）。

《水利工程质量监督管理规定》（水利部水建〔1997〕339 号，1997 年 8 月）。

《水利部行政复议工作暂行规定》（水利部令第 49 号，2017 年 12 月修正）。

1.3.4 规范性文件

《水利部关于印发〈水利工程建设标准强制性条文管理办法(试行)〉的通知》(水国科〔2012〕546 号,2012 年 12 月)。

《水利部关于印发〈水行政执法监督检查办法(试行)〉的通知》(水政法〔2020〕165 号,2020 年 8 月)。

《水利部关于印发〈水利监督规定(试行)和水利督查队伍管理办法(试行)〉的通知》(水监督〔2019〕217 号,2019 年 7 月)。

《水利部办公厅关于印发〈水利水电工程施工危险源辨识与风险评价导则(试行)〉的通知》(办监督函〔2018〕1693 号,2018 年 12 月)。

《水利部办公厅关于印发〈水利工程生产安全重大事故隐患清单指南(2021 年版)〉的通知》(办监督〔2021〕364 号,2021 年 12 月)。

《水利部关于印发〈水利工程建设项目法人管理指导意见〉的通知》(水建设〔2020〕258 号,2020 年 12 月)。

《水利部关于印发〈水利工程建设项目档案管理规定〉的通知》(水办〔2021〕200 号,2021 年 6 月)。

《水利部关于印发〈加强水利行业监督工作的指导意见〉的通知》(水监督〔2021〕222 号,2021 年 7 月)。

《水利部关于印发〈水利工程设计变更管理暂行办法〉的通知》(水规计〔2020〕283 号,2020 年 12 月)。

《水利部关于印发〈水利工程勘测设计失误问责办法(试行)〉的通知》(水总〔2020〕33 号,2020 年 3 月)。

《水利部关于印发〈水利工程施工转包违法分包等违法行为认定查处管理暂行办法〉的通知》(水建管〔2016〕420 号,2016 年 12 月)。

《水利部办公厅关于印发〈水利工程质量监督工作清单〉的通知》(办监督〔2019〕211 号,2019 年 10 月)。

《水利部办公厅关于印发〈水利工程运行管理监督检查办法(试行)等 5 个监督检查办法问题清单(2020 年版)〉的通知》(办监督〔2020〕124 号,2020 年 5 月)。

《水利部关于印发〈水利工程责任单位责任人质量终身责任追究管理办法(试行)〉的通知》(水监督〔2021〕335 号,2021 年 11 月)。

《水利部监督司关于印发〈水利工程建设安全生产监督检查问题清单

（2022 年版）〉的通知》（监督安〔2022〕1 号，2022 年 4 月）。

《山东省水利厅关于印发〈山东省水利工程建设管理办法〉的通知》（鲁水规字〔2021〕6 号，2021 年 10 月）。

《水利部关于印发〈水利安全生产监督管理办法（试行）〉的通知》（水监督〔2021〕412 号，2021 年 12 月）。

《水利部关于印发〈水利部生产安全事故应急预案〉的通知》（水监督〔2021〕391 号，2021 年 12 月）。

《水利部、国家档案局关于印发〈水利档案工作规定〉的通知》（水办〔2020〕195 号，2020 年 9 月）。

《水利部印发〈关于建立水利安全生产监管责任清单的指导意见〉的通知》（水监督〔2020〕146 号，2020 年 7 月）。

1.3.5　技术标准

《水利水电工程施工质量检验与评定规程》（SL 176—2007）。

《水利水电建设工程验收规程》（SL 223—2008）。

《水利水电工程单元工程施工质量验收评定标准》（SL 631～637—2012、SL 638、639—2013）。

《水利水电工程施工安全管理导则》（SL 721—2015）。

《水利水电工程施工安全防护设施技术规范》（SL 714—2015）。

《施工现场临时用电安全技术规范》（JGJ 46—2005）。

《水利水电工程施工通用安全技术规程》（SL 398—2007）。

《水利工程建设项目施工监理规范》（SL 288—2014）。

《水利工程质量检测技术规程》（SL 734—2016）。

第 2 章　建设实施前期监督工作

2.1　水利工程建设质量与安全监督

为加强水行政主管部门对水利工程建设的监督管理,保证工程质量,确保工程安全,发挥投资效益,在我国境内新建、扩建、改建、加固各类水利水电工程和城镇供水、滩涂围垦等工程(以下简称"水利工程")及其技术改造,包括配套与附属工程,均必须由水利工程质量与安全监督机构负责质量与安全监督。工程建设、监理、设计和施工单位在工程建设阶段,必须接受质量与安全监督机构的监督。

水行政主管部门主管水利工程质量与安全监督工作。水利工程质量与安全监督机构是水行政主管部门对水利工程质量与安全进行监督管理的专职机构,对水利工程质量与安全进行强制性的监督管理。

水利工程质量与安全由项目法人(建设单位)负全面责任。监理、设计、施工单位按照合同及有关规定对各自承担的工作负责。质量与安全监督机构履行政府部门监督职能,不代替项目法人(建设单位)、监理、设计、施工单位的质量与安全管理工作。

2.2　质量与安全监督事项办理时间

质量与安全监督事项办理时间表如表 2.1 所示。

表 2.1 质量与安全监督事项办理时间表

序号	监督事项	项目法人上报时间节点	监督机构备案时限
一	质量与安全监督申请书及监督书	工程开工前	（规范未明确要求的，一般 5 个工作日内完成，下同）
二	质量部分		
1	工程项目划分及说明	主体工程开工前	14 个工作日
2	第三方检测方案	主体工程开工前	
3	建筑物外观质量评定标准	主体工程开工前	
4	规范中未列出的外观质量项目标准	主体工程开工前	
5	规范中未涉及的单元质量评定标准	该单元工程施工前	
6	对主体工程质量与安全有重要影响的临时工程质量检验及评定标准	临时工程施工前	
7	监督检查整改资料	按监督检查要求	
8	实体质量检测报告	报告完成后 10 个工作日内	
9	施工质量情况	按月	
10	质量缺陷备案	按月	
11	验收工作提前通知监督站	重要隐蔽（关键部位）单元工程、主要分部工程、单位工程验收提前 5 个工作日通知；阶段验收、竣工验收自查、技术预验收、竣工验收提前 10 个工作日通知	

续表

序号	监督事项	项目法人上报时间节点	监督机构备案时限
12	重要隐蔽（关键部位）单元工程质量评定资料	验收通过之日起 10 个工作日内	
13	分部工程质量评定资料	验收通过之日起 10 个工作日内	20 个工作日
14	单位工程及外观质量评定资料	验收通过之日起 10 个工作日内	20 个工作日
15	项目工程质量评定资料	竣工验收自查之日起 10 个工作日内	
三	安全部分		
1	危险性工程较大的单项工程清单和安全生产管理措施	办理监督手续时	
2	保证安全生产的措施方案	工程开工之日起 15 日内	
3	拆除工程或者爆破工程施工的相关资料	拆除工程或者爆破工程施工 15 日前	
4	重大事故隐患治理方案	主体工程开工前	
5	月、季、年隐患排查治理统计分析情况	每月 5 日前、每季第一个月的 15 日前和次年 1 月 31 日前	
6	重大事故隐患治理情况进行验证和效果评估	评估完成后 10 个工作日内	
7	重大危险源辨识和安全评估的结果	评估完成后 10 个工作日内	
8	安全生产事故应急救援预案、专项应急预案	主体工程开工前	

2.3　办理质量与安全监督手续

2.3.1　办理条件

（1）项目法人（建设单位）已确定。

（2）申请材料齐全，符合法定形式。

2.3.2　申请材料

项目法人应在工程建设项目开工前到相应的监督机构办理质量与安全监督手续，并应提交以下纸质及电子版材料：

（1）质量监督申请材料（见附录 A-1）。①水利工程建设质量监督申请书。②工程项目建设审批文件（初步设计批复文件）。③项目法人批复成立文件，现场管理机构设立文件。④项目法人（或建设单位）与监理、设计、施工单位签订的合同（或协议）副本。⑤《水利工程建设质量监督与安全监督备案登记表》。⑥水利工程参建单位项目负责人的授权书、任命文件及工程质量终身责任承诺书。

（2）安全监督申请材料（见附录 A-2）。①水利工程建设安全监督备案申请表。②危险性较大的单项工程清单和安全生产管理措施。

（3）质量与安全监督补充（变更）申请材料。①水利工程建设质量与安全监督补充（变更）申请书。②主要建设内容、参建单位及项目负责人等变化时，提供相应申请材料。

2.3.3　办理结果

监督机构收到项目法人申请后，应及时审核有关资料，向项目法人反馈意见：对符合质量与安全监督受理条件的工程建设项目，发出质量监督书与安全监督备案证明。

（1）质量监督手续。《水利工程建设质量监督书》（见附录 B-1）。

（2）安全监督手续。《水利工程建设安全监督备案表》（见附录 B-2）。

对不符合质量监督受理条件的工程建设项目，要及时通知项目法人，督促其修改完善后再行上报。

分期、分年度或专项建设的工程建设项目,项目法人应按上述要求及时向监督机构报送相关补充资料。建设过程中,上述备案资料变化时应及时报送监督机构。项目法人也可将分期、分阶段或专项建设的工程建设项目分别办理监督手续。

对未办理质量与安全监督手续擅自开工的工程建设项目,监督机构以书面形式报告水行政主管部门,建议给予项目法人相应的行政处罚。

2.4　成立监督项目站

2.4.1　监督组织形式

水利工程建设项目质量与安全监督方式以抽查为主。大型水利工程应建立质量与安全监督项目站,中、小型水利工程可根据需要建立质量与安全监督项目站,或进行巡回监督。项目站成立文件可参照附录 D。

监督项目站实行站长负责制,项目站站长由监督单位研究确定,根据监督工作量和专业配备人员,一般不少于 3 人。

进行监督检查时,应成立检查组,实行组长负责制,根据监督工作量和专业配备人员,一般不少于 3 人。

监督机构可根据工作需要,通过购买服务、聘请技术专家等形式,为监督工作提供技术支撑。

监督机构应结合工程实际委托具备相应资质的质量检测单位对工程实体进行质量检测,可委托具备相应技术条件的单位开展水利工程建设质量与安全评估。

监督机构购买服务的单位、聘请的技术专家以及所委托的质量检测和技术评估单位,不得与参建单位存在利益关联。

2.4.2　监督期限

从工程开工前办理监督手续始,到工程竣工验收委员会同意工程交付使用止(含合同质量保修期)。

2.4.3 监督工作人员

监督人员需熟悉国家水利工程建设质量与安全管理法律、法规，国家及行业有关技术标准和规范，一般应具备水利工程或相应专业中级以上职称，或具有同等专业技术水平。同时，监督人员应坚持原则，秉公办事，责任心强。

2.5 制定质量与安全监督计划

监督手续办理后，监督机构应根据工程规模、建设工期和监督工作实际需要，及时制定监督计划书面印发项目法人。

监督工作计划应包括工程概况、监督依据和期限、项目站组成、监督权限和工作方式、监督检查主要内容、监督工作重点、监督交底等内容，详见附录 E。

跨年度工程建设项目分别编写监督工作总计划和年度计划。

2.6 质量与安全监督交底

工程开工前监督机构可及时组织各参建单位召开监督交底会议，结合项目法人组织各参建单位召开的第一次工地例会进行。参加会议人员应有项目监督站负责人及相关成员，各参建单位分管负责人和具体负责人等。明确各方责任和义务，对监督方式及计划等进行解释或说明，对参建单位提出工作要求。

2.7 确认工程项目划分

项目法人在主体工程开工前按《水利水电工程施工质量检验与评定规程》（SL 176—2007）和《水利水电工程单元工程施工质量验收评定标准》（SL 631～637—2012，SL 638、639—2013）等规范标准要求，结合工程结构特点、施工部署及施工合同要求进行工程项目划分，确定单位工程、主要分部工程、重要隐蔽单元工程和关键部位单元工程，行文报监督机构确认。

监督机构收到项目法人报送的项目划分文件后，应在 14 个工作日内对项目划分进行审核，并将确认结果以书面形式反馈项目法人（见附录 F）。如审核有异议,应通知项目法人修改后再行上报。

工程实施过程中,单位工程、主要分部工程、重要隐蔽单元工程和关键部位单元工程的项目划分发生调整时,项目法人根据调整情况报送后,监督机构重新确认。

分期、分阶段实施的工程或专项建设的工程,监督机构根据项目法人报送情况分别确认。

工程中永久性房屋(管理设施用房)、专用公路、专用铁路等工程项目,可按相关行业标准进行项目划分。

2.8　核备质量评定标准

2.8.1　确认或核备外观质量评定标准

在主体工程开工前,项目法人应按《水利水电工程施工质量检验与评定规程》(SL 176—2007)附录 A《水利水电工程外观质量评定办法》中的有关要求组织监理、设计、施工等单位,根据工程特点(工程等级及使用情况)和相关技术标准,提出枢纽工程外观质量评定标准报监督机构确认。确认意见可参照附录 G。

《水利水电工程施工质量检验与评定规程》(SL 176—2007)附录 A 中未列出的外观质量项目,项目法人应组织监理、设计、施工等单位研究确定其质量标准及标准分值后报监督机构核备。核备意见可参照附录 G。

2.8.2　核备规范中未涉及的单元质量评定标准

《水利水电工程单元工程施工质量验收评定标准》(SL 631～637—2012,SL 638、639—2013)未涉及的单元(工序)工程质量评定标准,项目法人应在该单元(工序)工程实施前组织设计、监理、施工等单位,根据技术标准、设计要求和设备生产厂商的安装操作说明书等,参照《水利水电工程单元工程施工质量验收评定标准》(SL 631～637—2012、SL 638、639—2013)的格式制定,报监督机构核备。核备意见可参照附录 G。

2.8.3 核备临时工程质量检验及评定标准

根据有关规定,需要评定的临时工程,其质量检验及评定标准,由项目法人组织监理、设计及施工等单位根据工程特点,参照《水利水电工程单元工程施工质量验收评定标准》(SL 631～637—2012,SL 638、639—2013)和其他相关标准制定并报监督机构核备。核备意见可参照附录 G。

2.9 质量检测方案备案

项目法人应委托具有相应资质的质量检测单位开展第三方质量检测,组织质量检测单位依据相关规定编制《水利工程建设项目质量检测方案》并报监督机构备案。按照《水利工程质量检测管理规范》,检测内容应包括工程概况、检测目的、检测项目和数量、检测依据、检测方式方法、检测人员和设备投入、成果提交方式等。

质量检测方案核备表可参照附录 H。

2.10 按月汇总分析施工质量情况

施工单位应及时将原材料、中间产品及单元(工序)工程质量检验结果报监理单位复核,并应按月将施工质量情况报送监理单位,由监理单位汇总分析后报项目法人和工程质量监督机构。

2.11 保证安全生产的措施方案备案

工程开工之日起 15 日内,项目法人应组织编制保证安全生产的措施方案报监督机构备案。建设过程中情况发生变化时,应及时调整保证安全生产的措施方案,并重新备案。

省管水利工程建设项目需登录"山东省人民政府"网站,点击"一网通办",搜索"水利工程安全生产措施方案备案",申请公司注册账号,提交保证安全生产的措施方案。

保证安全生产的措施方案应按《水利水电工程施工安全管理导则》(SL

721—2015)中 7.2.2 的要求编制,内容至少包括如下内容:

(1)项目概况。

(2)编制依据和安全生产目标。

(3)安全生产管理机构及相关负责人。

(4)安全生产的有关规章制度制定情况。

(5)安全生产管理人员及特种作业人员持证上岗情况等。

(6)重大危险源监测管理和安全事故隐患排查治理方案。

(7)生产安全事故应急救援预案。

(8)工程度汛方案。

(9)其他有关事项。

2.12 拆除工程或者爆破工程施工备案

项目法人应在拆除工程或者爆破工程施工 15 日前,按《水利水电工程施工安全管理导则》(SL 721—2015)中 7.2.3 的要求,将下列资料报送项目主管部门、安全生产监督机构备案。备案内容包括:

(1)施工单位资质等级证明、爆破人员资格证书。

(2)拟拆除或拟爆破的工程及可能危及毗邻建筑物的说明。

(3)施工组织方案。

(4)堆放、清除废弃物的措施。

(5)生产安全事故的应急救援预案。

2.13 危险源辨识和安全评估备案

工程开工前,项目法人应组织其他参建单位研究制定危险源辨识与风险管理制度,明确监理、施工、设计等单位的职责、辨识范围、流程、方法等;施工单位应按要求组织开展本标段危险源辨识及风险等级评价工作,并将成果及时报送项目法人和监理单位;项目法人应开展本工程危险源辨识和风险等级评价,提出安全管控措施,制定应急预案,编制危险源辨识与风险评价报告。危险源辨识与风险评价报告应经本单位安全生产管理部门负责人和主要负责人签字确认,必要时组织专家进行审查后确认。

施工期，各单位应对危险源实施动态管理，及时掌握危险源及风险状态和变化趋势，实时更新危险源及风险等级，并根据危险源及风险状态制定针对性的防控措施。

各单位应对危险源进行登记，其中重大危险源和风险等级为重大的一般危险源应建立专项档案，明确管理的责任部门和责任人。重大危险源应按有关规定报项目主管部门和有关部门备案。

项目法人应将重大危险源辨识和安全评估的结果印发各参建单位，并报项目主管部门、安全生产监督机构及有关部门备案。

重大危险源备案表见附录I。

2.14 安全生产事故隐患排查

2.14.1 重大事故隐患治理方案及治理情况备案

重大事故隐患治理方案应由施工单位主要负责人组织制订，经监理单位审核，报项目法人同意后实施。项目法人应将重大事故隐患治理方案报项目主管部门和安全生产监督机构备案。

工程开工后，参建单位应全面排查和及时治理事故隐患。重大事故隐患治理完成后，项目法人应组织对重大事故隐患治理情况进行验收和效果评估，签署意见后报监督机构备案。

2.14.2 按月、季、年对隐患排查治理情况备案

参建单位应按月、季、年对隐患排查治理情况进行统计分析，形成书面报告，经单位主要负责人签字后，报项目法人。

项目法人应于每月 5 日前、每季第一个月的 15 日前和次年 1 月 31 日前，将上月、季、年隐患排查治理统计分析情况，报送监督机构备案。

第3章　建设实施阶段监督工作

工程建设过程中，监督机构应根据国家和行业有关质量与安全管理的法律、法规、部门规章、技术标准和设计文件等，对工程现场开展质量与安全监督检查。

监督机构对监督的工程建设项目，根据工程建设进展情况每年检查原则上不少于两次。监督机构可根据职责分工或水行政主管部门安排，检查指导下级监督机构工作开展情况。

监督检查过程中需留存必要的影像资料。

3.1　开展质量与安全监督检查

开展质量与安全监督检查应依据相关的法律、法规、规章、规范性文件及监督计划等。水利工程质量与安全监督检查通知书，格式可参照附录J。

3.1.1　复核质量与安全责任主体资质

在项目开工初期，根据相关资质标准规定，对照有关参建单位招标投标文件和合同承诺条件，全面检查参建单位的资质，主要包括：

(1)项目法人(代建)的成立文件。

(2)勘察、设计、监理单位的营业执照、资质证书。

(3)施工单位的营业执照、资质证书、安全生产许可证。

(4)检测单位的水行政主管部门颁发的资质证书和市场监督管理局颁发的检验检测机构资质认定证书。

(5)主要设备制造安装单位的营业执照、设备生产许可证。

3.1.2 不同资质市场主体承担业务范围

2022年2月,住房和城乡建设部为修改《建筑业企业资质管理规定》《工程监理企业资质管理规定》《建设工程勘察设计资质管理规定》,起草了《住房和城乡建设部关于修改〈建筑业企业资质管理规定〉等三部规章的决定(征求意见稿)》,向社会公开征求意见。征求意见稿的企业资质标准变化较多,截至2022年8月尚未正式发布,沿用的不同资质市场主体承担业务范围如下。

3.1.2.1 勘察单位

工程勘察资质分为工程勘察综合资质、工程勘察专业资质、工程勘察劳务资质。工程勘察综合资质只设甲级;工程勘察专业资质设甲级、乙级,根据工程性质和技术特点,部分专业可以设丙级;工程勘察劳务资质不分等级。

(1)工程勘察综合资质:承担各类建设工程项目的岩土工程、水文地质勘察、工程测量业务(海洋工程勘察除外),其规模不受限制(岩土工程勘察丙级项目除外)。

(2)工程勘察专业资质:甲级资质承担本专业资质范围内各类建设工程项目的工程勘察业务,其规模不受限制;乙级资质承担本专业资质范围内各类建设工程项目乙级及以下规模的工程勘察业务;丙级资质承担本专业资质范围内各类建设工程项目丙级规模的工程勘察业务。

3.1.2.2 设计单位

工程设计资质分为工程设计综合资质、工程设计行业资质、工程设计专业资质和工程设计专项资质。工程设计综合资质只设甲级;工程设计行业资质、工程设计专业资质和工程设计专项资质设甲级、乙级。根据工程性质和技术特点,个别行业、专业、专项资质可以设丙级,建筑工程专业资质可以设丁级。

(1)工程设计综合资质:可以承接各行业、各等级的建设工程设计业务。

(2)工程设计行业资质:甲级资质承担本行业建设工程项目主体工程及其配套工程的设计业务,其规模不受限制;乙级资质承担本行业中、小型建设工程项目的主体工程及其配套工程的设计业务;丙级资质承担本行业小型建设项目的工程设计业务。

(3)工程设计专业资质:甲级资质承担本专业建设工程项目主体工程及其配套工程的设计业务,其规模不受限制;乙级资质承担本专业中、小型建设工程项目的主体工程及其配套工程的设计业务;丙级资质承担本专业小型建设项目的工程设计业务。

（4）工程设计专项资质：可以承接本专项相应等级的专项工程设计业务。

3.1.2.3　施工单位

建筑业企业资质分为施工总承包资质、专业承包资质、施工劳务资质三个序列。水利水电工程施工总承包企业资质分为特级、一级、二级、三级。水利水电工程施工专业承包企业资质包括水工建筑物基础处理、水工金属结构制作与安装、水利水电机电设备安装、河湖整治、堤防、水工大坝及水工隧洞工程专业承包企业资质，各分为一级、二级、三级。施工劳务资质不分类别与等级。

水利水电工程施工总承包企业资质主要包括以下四个方面。

（1）特级企业可承担各种类型水利水电工程及辅助生产设施的建筑、安装和基础工程的施工。

（2）一级企业可承担单项合同额不超过企业注册资本金 5 倍的各种类型水利水电工程及辅助生产设施的建筑、安装和基础工程施工。工程内容包括：不同类型的大坝、电站厂房、引水和泄水建筑物、通航建筑物、基础工程、导截流工程、砂石料生产、水轮发电机组、输变电工程的建筑安装；金属结构制作安装；压力钢管、闸门制作安装；堤防加高加固、泵站、涵洞、隧道、施工公路、桥梁、河道疏浚、灌溉、排水工程施工。

（3）二级企业可承担单项合同额不超过企业注册资本金 5 倍的下列工程的施工：库容 1×10^8 m^3、装机容量 100 MW 及以下水利水电工程及辅助生产设施的建筑、安装和基础工程施工。工程内容包括：不同类型的大坝、电站厂房、引水和泄水建筑物、通航建筑物、基础工程、导截流工程、砂石料生产、水轮发电机组、输变电工程的建筑安装；金属结构制作安装；压力钢管、闸门制作安装；堤防加高加固、泵站、涵洞、隧道、施工公路、桥梁、河道疏浚、灌溉、排水工程施工。

（4）三级企业可承担单项合同额不超过企业注册资本金 5 倍的下列工程的施工：库容 1×10^7 m^3、装机容量 10 MW 及以下水利水电工程及辅助生产设施的建筑、安装和基础工程施工。工程内容包括：不同类型的大坝、电站厂房、引水和泄水建筑物、通航建筑物、基础工程、导截流工程、砂石料生产、水轮发电机组、输变电工程的建筑安装；金属结构制作安装；压力钢管、闸门制作安装；堤防加高加固、泵站、涵洞、隧道、施工公路、桥梁、河道疏浚、灌溉、排水工程施工。

水利水电工程施工专业承包企业资质主要包括以下七个方面。

（1）水工建筑物基础处理工程专业承包资质等级承包工程范围：一级企业可承担各类水工建筑物基础处理工程的施工；二级企业可承担单项合同额1500万元以下的水工建筑物基础处理工程的施工；三级企业可承担单项合同额500万元以下的水工建筑物基础处理工程的施工。

（2）水工金属结构制作与安装工程专业承包企业资质等级承包工程范围：一级企业可承担各类钢管、闸门、拦污栅等水工金属结构工程的制作、安装及启闭机的安装；二级企业可承担单项合同额不超过企业注册资本金5倍的大型及以下钢管、闸门、拦污栅等水工金属结构工程的制作、安装及启闭机的安装；三级企业可承担单项合同额不超过企业注册资本金5倍的中型及以下压力钢管、闸门、拦污栅等水工金属结构工程的制作、安装及启闭机的安装。

（3）水利水电机电设备安装工程专业承包企业资质等级承包工程范围：一级企业可承担各类水电站、泵站主机（各类水轮发电机组、水泵机组）及其附属设备和水电（泵）站电气设备的安装工程；二级企业可承担单项合同额不超过企业注册资本金5倍的单机容量100 MW及以下的水电站、单机容量1000 kW及以下的泵站主机及其附属设备和水电（泵）站电气设备的安装工程；三级企业可承担单项合同额不超过企业注册资本金5倍的单机容量25 MW及以下的水电站、单机容量500 kW及以下的泵站主机及其附属设备和水电（泵）站电气设备的安装工程。

（4）河湖整治工程专业承包企业资质等级承包工程范围：一级企业可承担各类河道、湖泊的河势控导、险工处理、疏浚、填塘固基工程的施工；二级企业可承担单项合同额不超过企业注册资本金5倍的2级及以下堤防相对应的河道、湖泊的河势控导、险工处理、疏浚、填塘固基工程的施工；三级企业可承担单项合同额不超过企业注册资本金5倍的3级及以下堤防相对应的河湖疏浚整治工程及一般吹填工程的施工。

（5）堤防工程专业承包企业资质等级承包工程范围：一级企业可承担各类堤防的堤身填筑、堤身整险加固、防渗导渗、填塘固基、堤防水下工程、护坡护岸、堤顶硬化、堤防绿化、生物防治和穿堤、跨堤建筑物（不含单独立项的分洪闸、进水闸、排水闸、挡潮闸等）工程的施工；二级企业可承担单项合同额不超过企业注册资本金5倍的2级及以下堤防的堤身填筑、堤身整险加固、防渗导渗、填塘固基、堤防水下工程、护坡护岸、堤顶硬化、堤防绿化、生物防治和2级及以下穿堤、跨堤建筑物(不含单独立项的分洪闸、进水闸、排水闸、挡潮闸等)工程的施工;三级企业可承担单项合同额不超过企业注册资本金5倍的3级及以下堤防的堤身填筑、堤身整险加固、防渗导渗、填塘固基、堤防水下工程、护坡护岸、堤顶硬化、堤防绿化、生物防治和3级及以下穿堤、跨堤建筑物工程的施工。

(6)水工大坝工程专业承包企业资质等级承包工程范围:一级企业可承担各类坝型的坝基处理、永久和临时水工建筑物及其辅助生产设施的施工;二级企业可承担单项合同额不超过企业注册资本金5倍、70 m及以下各类坝型的坝基处理、永久和临时水工建筑物及其辅助生产设施的施工;三级企业可承担单项合同额不超过企业注册资本金5倍、50 m及以下各类坝型的坝基处理、永久和临时水工建筑物及其辅助生产设施的施工。

(7)水工隧洞工程专业承包企业资质等级承包工程范围:一级企业可承担各类有压或明流隧洞工程和与其相应的进出口工程的开挖、临时和永久支护、回填与固结灌浆、金属结构预埋件等工程,以及其辅助生产设施的施工;二级企业可承担单项合同额不超过企业注册资本金5倍的过流断面不大于50 m^2的各类有压或明流隧洞工程和与其相应的进出口工程的开挖、临时和永久支护、回填与固结灌浆、金属结构预埋件等工程,以及其辅助生产设施的施工;三级企业可承担单项合同额不超过企业注册资本金5倍的过流断面不大于28 m^2的各类有压或明流隧洞工程和与其相应的进出口工程的开挖、临时和永久支护、回填与固结灌浆、金属结构预埋件等工程,以及其辅助生产设施的施工。

3.1.2.4　监理单位

监理单位资质分为水利工程施工监理、水土保持工程施工监理、机电及金属结构设备制造监理和水利工程建设环境保护监理4个专业。其中,水利工程施工监理、水土保持工程施工监理和机电及金属结构设备制造监理专业资质分为甲级、乙级两个等级,水利工程建设环境保护监理专业资质暂不分级。各专业资质等级可以承担的业务范围如下。

(1)水利工程施工监理专业资质:甲级可以承担各等级水利工程的施工监理业务;乙级可以承担Ⅱ等(堤防2级)以下各等级水利工程的施工监理业务。

(2)水土保持工程施工监理专业资质:甲级可以承担各等级水土保持工程的施工监理业务;乙级可以承担Ⅱ等以下各等级水土保持工程的施工监理业

务。同时具备水利工程施工监理专业资质和乙级以上水土保持工程施工监理专业资质的,方可承担淤地坝中的骨干坝施工监理业务。

（3）机电及金属结构设备制造监理专业资质:甲级可以承担水利工程中的各类型机电及金属结构设备制造监理业务;乙级可以承担水利工程中的中、小型机电及金属结构设备制造监理业务。

（4）水利工程建设环境保护监理专业资质可以承担各类各等级水利工程建设环境保护监理业务。

3.1.2.5　检测单位

检测单位资质分为岩土工程、混凝土工程、金属结构、机械电气和量测共5个类别,每个类别分为甲级、乙级2个等级。

取得甲级资质的检测单位可以承担各等级水利工程的质量检测业务。大型水利工程（含一级堤防）主要建筑物以及水利工程质量与安全事故鉴定的质量检测业务,必须由具有甲级资质的检测单位承担。取得乙级资质的检测单位可以承担除大型水利工程（含一级堤防）主要建筑物以外的其他各等级水利工程的质量检测业务。

3.1.2.6　起重设备安装单位

起重设备安装工程专业承包企业资质分为一级、二级、三级。

一级企业:可承担各类起重设备的安装与拆卸。

二级企业:可承担单项合同额不超过企业注册资本金5倍的1000 kN·m及以下塔式起重机等起重设备、120 t及以下起重机和龙门吊的安装与拆卸。

三级企业:可承担单项合同额不超过企业注册资本金5倍的800 kN·m及以下塔式起重机等起重设备、60 t及以下起重机和龙门吊的安装与拆卸。

顶升、加节、降节等工作均属于安装、拆卸范畴。

3.1.3　检查或复核质量安全管理体系建立情况

在项目开工初期,全面检查项目法人（代建）、勘察设计、监理、施工、质量检测等参建单位的质量与安全管理体系建立情况。主要包括:

（1）项目法人组织机构和内设部门成立,主要管理人员任命,组织机构和人员配备,质量安全管理制度建立情况等。

（2）勘察设计单位现场设代机构成立,设代人员数量和专业是否满足要求,设计服务制度和安全生产制度建立情况等。

（3）监理单位监理部成立,总监、副总监和监理工程师等人员执业资格、按投标承诺到位和变更情况,质量控制制度和安全监理制度建立情况等。

（4）施工单位项目部成立,项目经理、技术负责人、质检负责人、安全负责人等人员执业资格、按投标承诺到位和变更情况,质量保证制度和安全生产制度建立情况等。

（5）检测单位人员执业资格、质量安全管理制度建立情况等。

（6）主要设备制造安装单位现场人员配备,质量安全管理制度建立情况等。

项目开工后,每年度根据参建单位的质量与安全管理体系变化调整情况进行复核。

3.1.4　检查质量安全管理体系运行情况

监督检查项目法人(代建)管理、勘察设计单位现场服务、监理单位控制、施工单位保证、检测单位保证与服务等质量与安全体系的有效运行情况等,涉及各参建单位的质量行为、工程实体质量和安全生产等方面。

（1）检查项目法人(代建)是否按已制定的质量与安全管理制度开展工作。

从质量管理岗位履职、施工图审查、施工技术准备、设计变更管理、质量检查、质量事故处理、质量检验与评定、工程验收及其他等方面工作,检查质量管理体系运行情况。

从安全技术管理、安全过程控制、事故隐患排查与治理、危险源管理、安全事故处理、防洪度汛与应急管理及其他等方面工作,检查安全生产管理体系运行情况。

（2）检查勘察设计单位是否按勘察设计规章制度开展质量与安全服务工作。

从勘察设计文件和施工图纸编制、现场服务、设计变更、勘察设计质量问题及质量事故管理、工程验收和其他等方面工作,检查质量管理体系运行情况。

从勘察设计文件编制、勘察设计服务和其他等方面工作,检查安全生产管理体系运行情况。

（3）检查监理单位是否按监理规划、实施细则、监理工作制度等开展质量控制与安全监理工作。

从施工准备复核、施工过程质量控制、安全监测设备安装监理、金属结构和设备监制、输变电工程监理、质量缺陷管理、质量事故处理、质量问题整改、工程验收、监理资料管理和其他等方面工作,检查质量管理体系运行情况。

从安全过程控制、安全检查和其他等方面工作,检查安全生产管理体系运行情况。

（4）检查施工单位是否按照建立的质量与安全保证体系、各项规章制度以及编写的技术方案等进行施工管理工作。

从施工准备、施工质量保证、工程验收、质量缺陷处理、质量事故处理、质量问题整改、施工资料管理和其他等方面工作,检查质量管理体系运行情况。

从技术方案管理,设施、设备、材料管理,施工作业管理,施工环境管理,危险源、隐患及事故处理,防洪度汛应急管理,安全培训教育,档案管理和其他等方面工作,检查安全生产管理体系运行情况。

（5）检查金属结构及机电设备生产制造安装单位是否按技术标准和设计要求制造合格的设备并进行安装,从施工技术准备、原材料及设备检查验收、单元质量检验与评定等方面工作,检查质量管理体系运行情况。

（6）检查检测单位是否按照检测质量保证体系和服务体系开展检测工作。重点检查仪器设备使用、质量检测专业技术开展等方面质量管理体系运行情况。

（7）检查工程实体质量,根据工程建设涉及的基础处理、土石方、混凝土及钢筋混凝土、砌（护）及防（排）水、金属结构及机电安装等工程内容,按照有关规范和技术要求进行全面实体质量检查。

3.1.5　质量监督检测

监督机构应根据工程建设项目的工期、工程量、施工特点等具体情况,重点针对主体工程或影响工程结构安全部位的原材料、中间产品和工程实体制定检测抽样计划,委托具有相应资质的质量检测单位或联合第三方检测机构开展实体质量抽检。

监督机构根据工程建设进展情况,监督检测在主体工程施工期间原则上一年不少于一次。推荐在主要分部工程的重要隐蔽和关键部位单元工程施工期间,对每类重要隐蔽和关键部位单元工程至少开展 1 次实体质量抽查。

3.2　监督检查问题处理

3.2.1　监督检查问题整改

对监督检查中发现的问题,监督机构应现场向参建单位反馈初步检查意见。检查结束后,监督机构应及时形成书面整改意见印发项目法人,见附录K。其中附K.1适用于现场书面反馈问题,便于责任单位及时根据清单整改;附K.2适用于后期制发的正式整改通知文件。必要时,按《山东省水利工程建设质量与安全生产监督检查办法(试行)》等规定,向同级水行政主管部门提出责任追究的建议。

项目法人应组织有关单位对质量与安全监督机构提出的问题及时进行整改,并将整改情况报监督机构复核。

监督机构应建立监督检查问题台账,跟踪检查问题整改,核实整改到位情况。对整改不到位的参建单位,监督机构继续督促至整改到位,同时依据《山东省水利工程建设质量与安全生产监督检查办法(试行)》等规定,向同级水行政主管部门提出从重一级责任追究或提出处罚建议。

3.2.2　局部暂停施工、停止施工及恢复施工

监督人员在监督检查过程中发现,责任单位未落实下列质量与安全管理责任,存在重大事故隐患排除前或事故隐患排除过程中无法保证质量与安全情形时,应当制发局部暂停施工整改通知书:(1)偷工减料、以次充好的;(2)使用未经检验或者检验不合格的建筑材料、建筑构配件、设备或商品混凝土的;(3)不按图施工,包括几何尺寸、施工技术文件规定的参数未检验、擅自修改工程设计的;(4)违反技术标准强制性条文的;(5)工序检验不真实,伪造或者变造资料的;(6)未编制危险性较大分部分项工程专项方案或者危险性较大的分部分项工程施工期间,项目主要管理人员未履行现场管理职责的;(7)继续施工将导致隐蔽工程质量问题被隐蔽或发生事故可能性较大的;(8)未按监督检查整改通知书要求落实整改的。

监督人员在监督检查过程中发现,责任单位未落实下列质量与安全管理责任,存在重大事故隐患排除前或事故隐患排除过程中无法保证质量与安全

情形时,应当制发停止施工整改通知书:(1)发生生产安全事故或工程质量事故的;(2)降低施工现场施工许可条件的;(3)未按局部暂停施工整改指令单要求落实整改的。

监督人员在制发整改通知书时,对涉及质量与安全问题整改的,整改期限不得超过 10 个工作日;对涉及局部暂停施工整改、停止施工整改的,整改期限不得超过 15 个工作日。确因客观原因无法在前款规定的期限内完成整改的,经核实后可以适当延长整改期限。

整改通知书应当由责任单位负责人或项目负责人签收。责任单位负责人或项目负责人确无法现场签收的,可委托责任单位相关人员代为签收,并注明签收人职务信息。若拒绝签收的,监督人员应当在整改通知书上做好记录。

责任单位对整改通知书有异议的,可在收到整改通知书之日起 5 个工作日内向监督机构提出书面异议申请。监督机构应当在收到申请之日起 10 个工作日内完成核查,并将处理结果告知责任单位。

责任单位应当按照整改通知书要求进行整改,整改完成后向监督机构提交整改回复材料或者复工申请材料。

监督机构对责任单位提交的质量与安全问题整改回复材料无疑问的,应当进行销项处理;对回复材料有疑问的,应当进行现场核实。

监督机构应在收到责任单位提交的复工申请材料之日起 2 个工作日内到现场复工核实,对符合复工条件的,应当制发恢复施工通知书;对不符合复工条件的,不得制发恢复施工通知书。

局部暂停施工、停止施工及恢复施工通知书格式见附录 L。

3.3 质量与安全问题处理

3.3.1 水利工程质量与安全事故分类标准

水利工程质量事故分类标准如表 3.1 所示。

表 3.1 水利工程质量事故分类标准

损失情况		事故类别			
		特大质量事故	重大质量事故	较大质量事故	一般质量事故
事故处理所需的物质、器材和设备、人工等直接损失费用(人民币/万元)	大体积混凝土,金结制作和机电安装工程	>3000	>500,≤3000	>100,≤500	>20,≤100
	土石方工程、混凝土薄壁工程	>1000	>100,≤1000	>30,≤100	>10,≤30
事故处理所需合理工期(月)		>6	>3,≤6	>1,≤3	≤1
事故处理后对工程功能和寿命影响		影响工程正常使用,需限制条件运行	不影响正常使用,但对工程寿命有较大影响	不影响正常使用,但对工程寿命有一定影响	不影响正常使用和工程寿命

注:1.直接经济损失费用为必需条件,其余两项主要适用于大中型工程。

2.小于一般质量事故的质量问题称为质量缺陷。

水利工程安全事故分类标准如表 3.2 所示。

表 3.2 水利工程安全事故分类标准

事故等级	死亡人数	重伤人数	直接经济损失	备注
特别重大事故	30 人以上	100 人以上	1 亿元以上	"以上"包括本数,以下不包括本数
重大事故	10 人以上 30 人以下	50 人以上 100 人以下	5000 万以上 1 亿以下	
较大事故	3 人以上 10 人以下	10 人以上 50 人以下	1000 万以上 5000 万以下	
一般事故	3 人以下	10 人以下	1000 万以下	

3.3.2 质量缺陷备案

在施工过程中,因特殊原因使得工程个别部位或局部发生达不到技术标准和设计要求(但不影响使用),且未能及时进行处理的工程质量缺陷问题(质量评定仍定为合格),应以工程质量缺陷备案形式进行记录备案。

质量缺陷备案表由监理单位按《水利水电工程施工质量检验与评定规程》(SL 176—2007)中4.4的有关要求组织填写,内容应真实、准确、完整。各工程参建单位代表应在质量缺陷备案表上签字,若有不同意见应明确记载。质量缺陷备案表应及时报工程质量监督机构备案,格式见附录M。质量缺陷备案资料按竣工验收的标准制备。工程竣工验收时,项目法人应向竣工验收委员会汇报并提交历次质量缺陷备案资料。

3.3.3 质量事故处理

水利水电工程质量事故分为一般质量事故、较大质量事故、重大质量事故和特大质量事故4类。

按照《水利工程质量事故处理暂行规定》的要求,质量事故发生后,事故单位要严格保护现场,采取有效措施抢救人员和财产,防止事故扩大。项目法人应及时按照管理权限向上级主管部门报告。

质量事故的调查应按照管理权限组织调查组进行调查,查明事故原因,提出处理意见,提交事故调查报告。

(1)一般质量事故由项目法人组织设计、施工、监理等单位进行调查,调查结果报项目主管部门核备。

(2)较大质量事故由项目主管部门组织调查组进行调查,调查结果报上级主管部门批准并报省级水行政主管部门核备。

(3)重大质量事故由省级以上水行政主管部门组织调查组进行调查,调查结果报水利部核备。

(4)特大质量事故由水利部组织调查。质量事故的处理按以下规定执行:

第一,一般质量事故。由项目法人负责组织有关单位制定处理方案并实施,报上级主管部门备案。

第二,较大质量事故。由项目法人负责组织有关单位制定处理方案,经上级主管部门审定后实施,报省级水行政主管部门或流域机构备案。

第三，重大质量事故。由项目法人负责组织有关单位提出处理方案，征得事故调查组意见后，报省级水行政主管部门或流域机构审定后实施。

第四，特大质量事故。由项目法人负责组织有关单位提出处理方案，征得事故调查组意见后，报省级水行政主管部门或流域机构审定后实施，并报水利部备案。

事故处理需要进行设计变更的，需原设计单位或有资质的单位提出设计变更方案。需要进行重大设计变更的，必须经原设计审批部门审定后实施。

质量事故发生后，项目法人按照《水利工程质量事故处理暂行规定》等规定的管理权限及时报告主管部门及相应的监督机构。

监督机构接到质量事故报告后应及时赶赴事故现场，配合有关部门做好质量事故应急处理、质量事故调查、质量事故处理工作。

质量事故处理完成后，项目法人应委托具有相应资质等级的工程质量检测单位进行检测，按处理方案确定的质量标准，重新组织进行工程质量评定，并行文报监督机构核备。

监督机构收到项目法人报送的质量事故处理核备资料后，及时将意见书面反馈项目法人。必要时，对质量事故处理情况进行现场检查。

3.3.4　安全事故处理

安全事故处理应坚持属地管理、行业监控的原则。

安全事故调查处理应按《生产安全事故报告和调查处理条例》《山东省安全生产事故报告和调查处理办法》执行。

监督机构应配合事故调查工作。水利工程生产安全事故分类等级见表3.2，事故发生后，事故现场有关人员应当立即向本单位负责人报告；单位负责人接到报告后，应当于 1 小时内向事故发生地县级以上人民政府安全生产监督管理部门和负有安全生产监督管理职责的有关部门报告。特别重大事故、重大事故逐级上报至国务院安全生产监督管理部门和负有安全生产监督管理职责的有关部门；较大事故逐级上报至省、自治区、直辖市人民政府安全生产监督管理部门和负有安全生产监督管理职责的有关部门；一般事故上报至设区的市级人民政府安全生产监督管理部门和负有安全生产监督管理职责的有关部门。必要时可以越级上报事故情况。安全生产监督管理部门和负有安全生产监督管理职责的有关部门逐级上报事故情况，每级上报的时间不得超过

2 小时。自事故发生之日起 30 日内,事故造成的伤亡人数发生变化的,应当及时补报。道路交通事故、火灾事故自发生之日起 7 日内,事故造成的伤亡人数发生变化的,应当及时补报。

特别重大事故由国务院或者国务院授权有关部门组织事故调查组进行调查。重大事故、较大事故、一般事故分别由事故发生地省级人民政府、设区的市级人民政府、县级人民政府负责调查。省级人民政府、设区的市级人民政府、县级人民政府可以直接组织事故调查组进行调查,也可以授权或者委托有关部门组织事故调查组进行调查。未造成人员伤亡的一般事故,县级人民政府也可以委托事故发生单位组织事故调查组进行调查。上级人民政府认为必要时,可以调查由下级人民政府负责调查的事故。

自事故发生之日起 30 日内(道路交通事故、火灾事故自发生之日起 7 日内),因事故伤亡人数变化导致事故等级发生变化,应当由上级人民政府负责调查的,上级人民政府可以另行组织事故调查组进行调查。特别重大事故以下等级事故,事故发生地与事故发生单位不在同一个县级以上行政区域的,由事故发生地人民政府负责调查,事故发生单位所在地人民政府应当派人参加。

事故调查组应当自事故发生之日起 60 日内提交事故调查报告;特殊情况下,经负责事故调查的人民政府批准,提交事故调查报告的期限可以适当延长,但延长的期限最长不超过 60 日。

重大事故、较大事故、一般事故,负责事故调查的人民政府应当自收到事故调查报告之日起 15 日内作出批复;特别重大事故,30 日内作出批复,特殊情况下,批复时间可以适当延长,但延长的时间最长不超过 30 日。

3.4 质量安全问题举报调查处理

监督机构应向社会公布质量与安全生产举报或投诉平台。

监督机构收到举报或投诉的质量与安全生产问题,应做好保密和记录工作,记录表见附录 N。根据实际情况妥善处理,必要时安排有关人员到现场进行调查处理。

经查确实存在质量与安全生产问题的,监督机构应通知项目法人主管部门或项目法人立即采取措施进行整改。

对实名举报的质量问题和安全生产问题,监督机构应及时将调查处理结果回复举报人,必要时将处理情况及时书面上报水行政主管部门。

对上级部门批转的工程质量与安全投诉问题,监督机构应将投诉调查和处理情况及时书面上报上级部门。

3.5　档案与信息管理

3.5.1　档案管理

监督机构应建立质量与安全监督档案管理制度。

质量与安全监督档案资料应按水利工程档案管理规定收集、整理,并与监督工作同步进行,主要包括以下内容:

(1)质量与安全监督手续办理文件及相应资料。

(2)质量与安全监督计划。

(3)项目划分确认文件及相应资料。

(4)质量与安全监督检查记录、取证资料、检查意见。

(5)质量与安全问题整改通知及相应回复资料。

(6)项目法人报送的质量评定核备资料。

(7)质量缺陷、质量事故备案资料、质量与安全问题调查处理报告及相关资料。

(8)安全生产措施方案、拆除和爆破工程以及安全生产事故隐患治理等备案资料。

(9)质量与安全举报调查处理相关资料。

(10)参建单位验收管理工作报告。

(11)质量监督检测报告、质量与安全评估评价报告、质量与安全监督报告。

(12)质量与安全监督过程中形成的图片、音像等资料。

(13)其他需要保存的资料。

监督档案资料归档按《科学技术档案案卷构成的一般要求》(GB/T 11822—2008)实施。

除按规定进行的文本档案存档外,还宜采用电子文档的形式进行存档。电子文件归档应符合《建设项目电子文件归档和电子档案管理暂行办法》等相关规定要求。

　　档案管理应逐步实现信息化，并配备相应的设备设施。

3.5.2　信息数据管理

　　监督机构应开展质量与安全监督信息管理系统建设，对质量与安全监督信息进行采集、追踪、分析和处理，逐步实现实时监督。

第4章 建设验收阶段监督工作

4.1 列席法人验收

监督机构对重要隐蔽(关键部位)单元工程、主要分部工程、单位工程等工程施工质量验收进行监督。监督机构可通过抽检单元工程质量评定资料的方式,对单元工程质量验收监督。

项目法人应在重要隐蔽(关键部位)单元工程、主要分部工程、单位工程验收5个工作日前通知监督机构。监督机构可列席重要隐蔽(关键部位)单元工程验收、宜列席大型枢纽工程主要建筑物分部工程验收、应列席单位工程验收。

水行政主管部门以及法人验收监督管理机关可根据工作需要到工程现场检查工程建设情况、验收工作开展情况以及对接到的举报进行调查处理等。工程验收监督管理应包括以下主要内容:

(1)验收工作是否及时。

(2)验收条件是否具备。

(3)验收人员组成是否符合规定。

(4)验收程序是否规范。

(5)验收资料是否齐全。

(6)验收结论是否明确。

当发现工程验收不符合有关规定时,验收监督管理机关应及时要求验收主持单位予以纠正,提出监督意见,要求验收主持单位予以纠正,必要时可要求暂停验收或重新验收,同时报告竣工验收主持单位。

验收过程中发现的技术性问题原则上应按合同约定进行处理。合同约定不明确的,按国家或行业技术标准规定处理。当国家或行业技术标准暂无规定时,由法人验收监督管理机关协调解决。

4.2　参与政府验收

4.2.1　阶段验收

阶段验收应包括枢纽工程导（截）流验收、水库下闸蓄水验收、引（调）排水工程通水验收、水电站（泵站）首（末）台机组启动验收、部分工程投入使用验收以及竣工验收主持单位根据工程建设需要增加的其他验收。

工程阶段验收时，项目法人应提前 10 个工作日通知监督机构参加。

监督机构作为阶段验收工作组成员单位，应派代表参加会议并提供工程质量与安全评价意见，评价意见参照监督报告编制，详见附录 O。

4.2.2　竣工验收

4.2.2.1　列席竣工验收自查

工程竣工验收前，项目法人应组织竣工验收自查，召开自查工作会议，提前 10 个工作日通知监督机构参加。

监督机构应派员列席自查工作会议，对自查中的工程质量与安全结论工作进行监督。项目法人应在完成竣工验收自查工作 10 个工作日内，将自查的工程项目质量结论和相关资料报质量监督机构核备。

4.2.2.2　参加竣工技术预验收

工程竣工技术预验收时，项目法人应提前 10 个工作日通知监督机构参加。监督机构应派代表参加技术预验收工作会议，并提交工程质量与安全监督工作报告，提出工程质量与安全结论意见。

4.2.2.3　参加竣工验收

工程竣工验收时，监督机构作为验收委员会成员应派代表参加，汇报并提交经技术预验收工作会议通过的工程质量与安全监督报告。质量与安全监督工作报告参照附录 O 编制。

4.3　核备工程质量结论

对项目法人报送的重要隐蔽（关键部位）单元工程、分部工程、单位工程以及单位工程外观等质量评定资料进行抽查或检查,可参照填写附录 P 施工质量验收抽查、检查表及核备总表。并按要求核备工程质量结论,详见附录 Q。

(1)项目法人应在工程施工质量验收通过后 10 个工作日内,分别将重要隐蔽(关键部位)单元工程、分部工程、单位工程外观、单位工程质量评定资料报送监督机构核备。项目法人对质量等级结论和报送资料的真实性负责。

(2)监督机构收到核备资料后,监督项目站成员对监督资料核备,并在核备人处签字,核备资料负责人处由监督项目站站长或副站长签字。

(3)监督机构在核备中发现较大质量问题、遗留问题,以及资料不规范齐全、评定验收程序不合规、监督检查问题整改不到位等问题,应督促项目法人作出说明,或整改后再行上报核备。核备的期限以重新报送的日期计。

4.4　施工质量评定标准

4.4.1　合格标准

合格标准是工程验收标准。不合格工程必须进行处理且达到合格标准后,才能进行后续工程施工或验收。

单元(工序)工程施工质量合格标准应按照《单元工程评定标准》或合同约定的合格标准执行。当达不到合格标准时,应及时处理。处理后的质量等级应按下列规定重新确定:(1)全部返工重做的,可重新评定质量等级。(2)经加固补强并经设计和监理单位鉴定能达到设计要求时,其质量评为合格。(3)处理后的工程部分质量指标仍达不到设计要求时,经设计复核,项目法人及监理单位确认能满足安全和使用功能要求,可不再进行处理;或经加固补强后,改变了外形尺寸或造成工程永久性缺陷的,经项目法人、监理及设计单位确认能基本满足设计要求,其质量可定为合格,但应按规定进行质量缺陷备案。

分部工程施工质量同时满足下列标准时,其质量评为合格:(1)所含单元工程的质量全部合格。质量事故及质量缺陷已按要求处理,并经检验合格。(2)原材料、中间产品及混凝土(砂浆)试件质量全部合格,金属结构及启闭机制造质量合格,机电产品质量合格。

单位工程施工质量同时满足下列标准时，其质量评为合格：（1）所含分部工程质量全部合格。（2）质量事故已按要求进行处理。（3）工程外观质量得分率达到70％以上。（4）单位工程施工质量检验与评定资料基本齐全。（5）工程施工期及试运行期，单位工程观测资料分析结果符合国家和行业技术标准以及合同约定的标准要求。

工程项目施工质量同时满足下列标准时，其质量评为合格：（1）单位工程质量全部合格。（2）工程施工期及试运行期，各单位工程观测资料分析结果均符合国家和行业技术标准以及合同约定的标准要求。

4.4.2 优良标准

优良等级是为工程项目质量创优而设置的。

单元工程施工质量优良标准应按照《单元工程评定标准》以及合同约定的优良标准执行。全部返工重做的单元工程，经检验达到优良标准时，可评为优良等级。

分部工程施工质量同时满足下列标准时，其质量评为优良：（1）所含单元工程质量全部合格，其中70％以上达到优良等级，重要隐蔽单元工程和关键部位单元工程质量优良率达90％以上，且未发生过质量事故。（2）中间产品质量全部合格，混凝土（砂浆）试件质量达到优良等级（当试件组数小于30时，试件质量合格），原材料质量、金属结构及启闭机制造质量合格，机电产品质量合格。

单位工程施工质量同时满足下列标准时，其质量评为优良：（1）所含分部工程质量全部合格，其中70％以上达到优良等级，主要分部工程质量全部优良，且施工中未发生过较大质量事故。（2）质量事故已按要求进行处理。（3）外观质量得分率达到85％以上。（4）单位工程施工质量检验与评定资料齐全。（5）工程施工期及试运行期，单位工程观测资料分析结果符合国家和行业技术标准以及合同约定的标准要求。

工程项目施工质量同时满足下列标准时，其质量评为优良：（1）单位工程质量全部合格，其中70％以上单位工程质量达到优良等级，且主要单位工程质量全部优良。（2）工程施工期及试运行期，各单位工程观测资料分析结果均符合国家和行业技术标准以及合同约定的标准要求。

4.5　质量检测报告备案

第三方质量检测单位完成质量检测报告后,由项目法人及时向监督机构报备。

第5章 工程实体质量监督检查要点

5.1 监督检查要点说明

本要点分工程类型制定监督检查工作重点,督促各级监督部门完善质量体系运行,创新工作方式,推进工程实体质量监督检查的规范化,促进工程建设的标准化。要点全面划分各工程类别、工程项目和关键环节监督检查的"规定动作"和标准体系,不断梳理、简化、修正、突出重点问题清单,列举工程主要实体缺陷和影响实体质量的典型行为,实现规范化监督。本要点适用于山东省水利工程实体质量的监督检查,要点清单应作为实体质量监督检查的重点,各市县水行政主管部门、监督机构、项目法人和各参建单位在质量控制过程中可参照执行。要点的应用旨在提高工程质量监督检查的针对性和有效性,不替代国家行业现行规范规程及相应地方标准,也不能替代设计文件要求。

5.2 监督检查要点清单

5.2.1 地基与基础工程

5.2.1.1 地基处理工程

(1)换填法。①质量要求:换填范围应符合设计要求;为保证质量,换填土应按要求分层并压实。②检查方法与要点。检查换填范围、检查碾压试验记录和试验参数,现场是否按试验参数施工(确定换填土土质、换填土厚度、碾压遍数、施工机具、含水量等);检查隐蔽工程验收记录。

(2)夯实法。①质量要求:湿陷系数、承载力应满足设计要求。②检查方法与要点。检查强夯试验报告和夯实的施工记录及最后两击的平均夯沉量。夯实最后两击的平均夯沉量不大于下列规定值：当单击夯击能小于 4000 kN·m 时为 50 mm；当单击夯击能为 4000～6000 kN·m 时为 100 mm；当单击夯击能大于 6000 kN·m 时为 200 mm。检查隐蔽工程验收记录。

（3）挤密桩法。①质量要求：桩长、桩身或桩间土干密度等指标满足设计要求。②检查方法与要点。检查施工或监理或检测记录，以及桩长、桩身或桩间土干密度；检查隐蔽工程验收记录。

5.2.1.2　桩基工程

（1）质量要求：桩基完整性和桩基承载力满足设计要求。

（2）检查方法与要点。检查施工原始记录和检测报告结论（大、小应变检测、静载试验等）；检查隐蔽工程验收记录。

5.2.1.3　基础防渗墙工程

（1）质量要求：墙体完整、连续、均匀，深度满足设计要求；墙体材料强度、抗渗、弹模等指标满足设计要求。

（2）检查方法与要点。检查施工现场、施工或监理记录，查询施工过程、防渗墙搭接、墙斜率控制和浆液配合比等指标；检查隐蔽工程验收记录。

5.2.1.4　水泥灌浆工程

（1）质量要求：压水试验或注水试验满足设计和规范要求。

（2）检查方法与要点。查阅施工图；检查原材料质量，查阅灌浆工艺试验检测成果报告、灌浆效果检测报告、灌浆过程监测记录及成果汇总记录等资料；检查施工组织设计执行落实情况。检查施工现场、施工、监理记录和压水、注水试验记录，查询施工过程、浆液配合比、灌浆结束条件等；检查隐蔽工程验收记录。

①检查用于灌浆材料的质量是否符合设计或有关标准的规定，检查品质试验报告。

②检查钻孔和灌浆是否按规范或设计要求的顺序进行钻孔和灌浆。

③检查孔位、孔深和孔向等偏差是否符合有关规定。

④检查灌浆过程记录，抽查吸浆量记录资料。

⑤通过查看压水试验成果，灌浆前后物探成果，雷达检测、钻孔取芯，孔内摄影，孔内电视资料等方式来检查灌浆效果。

⑥参与灌浆工程质量事故的调查与处理。

5.2.2 土石方工程

5.2.2.1 石方明挖工程

（1）质量要求：开挖断面满足设计要求，不发生松动、扰动、坍塌、滑坡等质量安全事故。

（2）检查方法与要点。检查设计文件中是否对开挖断面处理措施有相应要求。检查施工现场、施工或监理记录，查询施工过程。

①检查开挖断面尺寸、高程、边坡坡度、平整度等是否符合施工图的要求。

②认真查阅地质勘察资料和基础施工图，重点了解地质结构和水文资料，熟悉有关情况。

③检查经有关部门认可的土石方开挖工程施工组织设计的执行落实情况。

④检查边坡、围岩是否稳定，是否存在松动、扰动、坍塌、滑坡等质量安全隐患；排水措施是否得当。

⑤了解或参与土石方开挖工程质量事故的调查与处理。

5.2.2.2 隧洞开挖工程

（1）质量要求：开挖断面尺寸、地质软弱带处理、洞身支护等满足设计要求。

（2）检查方法与要点。检查设计文件中是否对软弱带处理、洞身支护等有要求。检查施工现场、施工或监理记录，查询施工过程，检查开挖断面尺寸、地质软弱带处理、洞身支护等安全隐患是否按照设计要求处理。

5.2.2.3 土方开挖工程

（1）质量要求：开挖断面尺寸、高边坡处理、基底扰动处理或承载力满足设计要求。

（2）检查方法与要点。检查施工现场、施工或监理记录，查询施工过程，检查是否有承载力复核记录。

检查开挖断面尺寸、边坡坡度、开挖轮廓线是否满足设计要求；地质软弱带处理、洞身支护等安全隐患是否按照设计要求处理；检查开挖边坡的稳定性等；检查地下排水情况。

5.2.2.4 土方填筑工程

（1）质量要求：土方回填压实度或相对密度满足设计要求；反滤体或反滤

层设置满足设计要求;水泥改性土填筑满足设计要求。

（2）检查方法与要点。检查施工现场、施工或监理记录,检查碾压试验记录和试验参数,土方回填是否按试验参数施工;施工机具、土质、含水量、铺设厚度、碾压遍数是否符合碾压试验要求;检查隐蔽工程验收记录。

①检查基础清理情况,树木、草皮、树根、坟墓等杂物以及粉土、细砂、淤泥等是否已清除,对水井、泉眼、地道、洞穴或风化石、残积物、滑坡体等是否按设计要求作了认真处理,检查基础清理记录;检查基础排水是否有效,确保土方填筑质量。

②墙后填土等重点部位:土方填筑与建筑物结合面处理是否符合设计与规范要求。

③检查土质是否满足设计要求;土料的黏粒含量、含水量、土块直径等是否符合设计要求和有关规定;检查上下层铺土之间的结合面处理,以及接缝和与边坡及岸坡结合面的处理是否符合设计要求和有关规定;检查卸料、铺料以及铺土厚度等是否满足设计要求和有关规定。

④检查干容重试验记录,检查试验结果和检测数量是否满足规定要求。

⑤反滤排水:查看试验报告中反滤料透水性、级配,检查反滤层厚度和反滤体尺寸是否满足设计要求;反滤体是否有塌陷或土体流失。

⑥水泥改性土:水泥改性土填筑施工时平均水泥含量、水泥品种和强度等级是否满足设计要求。

5.2.3　混凝土及钢筋混凝土工程

5.2.3.1　模板工程

（1）质量要求:模板材质、质量、安装质量应满足设计要求。

（2）检查方法与要点。①检查模板拼接是否严密,表面光洁度是否好,是否按要求涂刷脱模剂。②检查模板材质、强度、刚度、安装稳定性是否满足规范要求;对于高大模板,应抽查其专项方案。③检查结构边线与设计边线偏差是否符合规范要求。④检查预留孔、洞尺寸及位置偏差是否符合规范要求。

5.2.3.2　钢筋工程

（1）质量要求:钢筋材质、规格、种类、钢号等应满足设计和规范要求。

（2）检查方法与要点。检查焊接操作人员上岗证;检查钢筋出厂合格证和试验报告;检查钢筋入场检查记录和检测报告。

①检查钢筋的品种、型号、数量是否符合规定要求。

②检查受力钢筋安装的位置、数量、间距、搭接方式及搭接长度、保护层厚度等是否符合规程规范或设计要求。

③检查焊条型号与钢筋的级别是否吻合。

④检查钢筋绑扎或焊接接头质量,抽查钢筋焊接试验报告。

5.2.3.3 混凝土工程

(1)质量要求:混凝土表观质量、强度、抗渗、抗冻等耐久性指标应满足设计要求。

(2)检查方法与要点。查阅各种检验单、试验报告;认真查阅施工图,检查施工图技术交底;检查经有关部门认可的混凝土工程施工组织设计的执行落实情况;重点应加强对强制性标准执行情况的检查;检查混凝土工程的几何尺寸和外观质量;了解或参与混凝土工程质量事故的调查与处理。

①现场检查水泥、砂、石子、土工织物等原材料质量,检查拌和用水质量。

②检查商品混凝土随车发货单、开盘记录及相应检测记录。

③现场检查混凝土配合比、浇筑是否连续、振捣是否密实、是否适时脱模。

④检查基础面的处理情况,表面处理是否彻底,冲洗是否干净,有无积渣杂物,是否符合规范要求。

⑤检查预埋件位置、尺寸是否满足设计要求。

⑥检查止水带(片)接头处理、安装是否符合规范和设计要求;伸缩缝填料的材料、厚度是否满足设计要求。

⑦现场检查混凝土试块预留及试验情况,抽查混凝土拌合物塌落度、含气量等指标检查记录,抽查混凝土强度、抗冻、抗渗等检测记录。

⑧检查大体积混凝土的温控方案,温控措施落实情况。

⑨检查混凝土养护条件,养护是否及时,养护记录等。

⑩检查高温、寒冷、雨天等特殊条件下混凝土施工是否满足规范要求。

⑪检查梁、板、渡槽槽身等预制构件检测报告:挠度、沉降、变形是否在允许值范围内。

⑫检查倒虹、暗涵、涵洞、PCCP 管等基础施工及接缝处理是否满足规范和设计要求。

⑬检查闸门槽等重点部位尺寸及相应位置。

⑭混凝土预制构件吊装前强度应达到设计要求;设计未规定时,一般来说

应达到设计强度标准值的 75% 以上。

5.2.4　砌、护工程及防、排水工程

5.2.4.1　砌筑工程

（1）质量要求：石材材质、尺寸及砌筑质量满足设计和规范要求。

（2）检查方法与要点。查阅水泥和砂的试验报告；检查砂浆配合比试验资料，试块强度是否满足设计要求。

①浆砌石砌筑：检查水泥、砂质量是否符合要求；检查浆砌石结构基础处理是否满足设计要求，基础排水设置是否满足规范要求；检查块石材质、尺寸、砌缝是否满足规范和设计要求；坐浆是否饱满、表面是否平整、砌筑方式是否合理；勾缝质量是否符合有关规定。

②干砌石砌筑：检查石料的质地、块重、形状等是否符合设计要求和有关规定；检查毛石粗排的施工方式和护砌质量是否符合有关规定，有无通缝、叠砌、浮石、空洞等现象；检查平整度、缝宽、厚度等指标是否符合有关要求。

5.2.4.2　防渗（反滤）层

（1）质量要求：土工布（膜）材质满足设计规范要求；土工布（膜）敷设与加工满足规范要求；垫层铺设满足规范和设计要求。

（2）检查方法与要点。现场检查；检查石子、砂、土工滤（防渗）层等原材料试验、检测报告及有关检测记录。

①检查垫层材料的品种、规格、型号等是否满足设计要求。

②土工布（膜）是否破损；检查布（膜）搭接焊接工艺试验报告。

③检查反滤料的粒径、级配、硬度、渗透性，土工合成材料的保土、透水、防堵性能及抗拉强度等是否符合设计要求。

④检查护坡垫层的施工方法和工艺是否符合设计要求和规范规定；检查垫层厚度是否符合设计要求。

5.2.4.3　伸缩缝

（1）质量要求：伸缩缝设置满足设计规范要求。

（2）检查方法与要点。检查伸缩缝尺寸是否满足设计要求，嵌缝材料是否满足设计要求，安装是否牢固，填充是否密实。

5.2.4.4　防、排水设施

（1）质量要求：防、排水设置满足设计规范要求。

（2）检查方法与要点。①检查排水孔、逆止阀等排水设施是否有堵塞、损坏；安装位置及数量是否满足设计要求。②检查防水层铺设材料规格、性能是否符合规范规程或设计要求。

5.2.4.5 支护工程

（1）质量要求：支护工程设置满足设计规范要求。

（2）检查方法与要点。①检查支护工程检测报告；锚杆材质、规格、性能、数量、尺寸是否满足设计要求。②检查钢拱架材质、格栅拱架受力钢筋的品种、级别、规格、数量及加工是否符合设计要求。③检查支护与围岩间空腔是否填充密实或填充是否符合规范规程或设计要求。

5.2.5 金属机构与机电工程

5.2.5.1 金属结构安装工程

（1）质量要求：满足设计和规范要求。

（2）检查方法与要点。现场检查；检查闸门、启闭机等金属结构出厂合格证；检查材质试验或焊接测试、止水密封测试等报告记录；检查防腐涂层检测报告等。

①检查钢材质量是否符合设计要求和有关规定。

②检查钢丝绳、橡胶支座、止水等附属设施质量是否满足设计或规范要求。

③检查安装金属结构的水工建筑物工程（如二期混凝土等）的几何尺寸和外观质量；检查底槛、主轨、反轨、侧轨等埋件安装的相对位置偏差是否在规定值范围内。

④检查空载试运行和负载试验或记录，并检查水封与止水运行情况。

⑤了解或参与水工建筑物金属结构制造、安装工程质量事故的调查与处理。

5.2.5.2 机电设备安装工程

（1）质量要求：满足设计和规范要求。

（2）检查方法与要点。①检查空载试验闸门运行是否平稳，制动是否可靠；启闭机运行是否可靠，有无异响、异常发热或异常气味。②检查负载试验闸门起落是否正常，运行是否平稳，制动是否可靠；启闭机运行是否可靠，有无异响、异常发热或异常气味。③检查启闭试验及液压试验是否有渗漏。

5.2.5.3　电气设备安装工程

（1）质量要求：满足设计和规范要求。

（2）检查方法与要点。①检查电气设施"3C"认证、安全生产合格证是否齐全；检查电气设施交接试验报告、接地电阻试验等。②检查变压器、配电箱（柜）、线路等安全防护设施是否齐全。③检查系统断电时，柴油发电机组能否正常运行。④检查重要设备接地或避雷装置连接是否符合规范或设计要求，检查防雷装置引下线连接是否有松动，以及烧伤、断股现象。⑤检查电线是否有断裂、脱落现象。⑥检查消防安全。

5.2.6　道路与桥梁工程

道路工程检查要点：监督抽查原材料出厂合格证、检验报告、进场验收及抽检记录；道路地基及基础处理情况；路基基层及面层的中线高程、压实度、强度、平整度；路基、路面弯沉值测定情况记录；道路工程质量检验评定资料等。

桥梁工程检查要点：监督抽查原材料（含外加剂）出厂合格证、检验报告、进场验收及抽检记录；钢筋制安、基础工程施工、混凝土浇筑及预应力施工与张拉情况；墩、台及梁、板等混凝土预制件等安装质量；支座、拱的安装及轴线放样、标高等检查记录；桥面铺装质量检查记录；伸缩缝产品合格证及安装质量，人行道板铺设等施工质量检查记录等。

5.2.7　房屋建筑工程

房屋建筑工程检查要点：监督抽查设备、原材料及构配件合格证、进场验收记录、复试报告；地基与基础工程质量验收情况；砌体、混凝土、钢结构、木结构等主体结构质量验收情况；装饰装修工程质量验收情况；建筑屋面工程质量验收情况；给排水及采暖工程质量验收情况；建筑电气工程质量验收情况；电梯、通风与空调工程安装质量和验收记录等。

5.3　检测频次

施工单位工程质量检验项目和数量应符合《水利水电工程单元工程施工质量验收评定标准》（SL 631～637—2012，SL 638、639—2013）规定。

监理单位跟踪检测的项目和数量（比例）应在监理合同中约定。其中，混凝土试样应不少于承包人检测数量的 7％,土方试样应不少于承包人检测数量的 10％。施工过程中,监理机构应对所有见证取样进行跟踪。平行检测的项目和数量(比例)应在监理合同中约定。其中,混凝土试样应不少于承包人检测数量的 3％,重要部位每种标号的混凝土至少取样 1 组;土方试样应不少于承包人检测数量的 5％,重要部位至少取样 3 组。

第三方检测单位对原材料、中间产品、构(部)件质量检测数量宜按照下列原则确定:(1)原材料检测数量为施工单位检测数量的 1/10～1/5;(2)中间产品、构(部)件的检测数量为施工单位检测数量的 1/20～1/10。

监督机构根据工程建设进展情况,监督检测在主体工程施工期间原则上一年不少于一次。监督检测频次推荐参考表 5.1～5.7。

表 5.1　原材料检测项目、内容与频次

检测项目	检测内容	检测频率
水泥	抗压强度及抗折强度、比表面积、标准稠度用水量、凝结时间、安定性等	每个单位工程至少检测 5 组
砂	细度模数、含泥量、石粉含量(人工砂)、泥块含量、云母含量等	
碎(卵)石	含泥量、泥块含量、超径、逊径、压碎指标等	
粉煤灰	细度、烧失量、需水量比、含水量等	
土工布/膜	强度、厚度、单位面积等	
块石	软化系数、强度、尺寸等	
钢筋	外观质量及公称直径、重量偏差、抗拉强度、伸长率、弯曲性能等(含焊接件、机械连接件)	
止水橡胶	拉伸强度、扯断伸长率、老化等	
铜止水带	厚度、强度、伸长率等	
管材检测	外观、规格尺寸、耐压试验、力学试验等	
外加剂	减水率、凝结时间差、抗压强度比	

表 5.2　混凝土工程中间产品检测内容、项目与频次

检测项目	检测内容	检测频率
混凝土中间产品	试块抗压强度、抗渗、抗冻性能等	每个单位工程至少检测 5 组
	回弹法检测抗压强度、钢筋保护层厚度、钢筋间距等	
碾压混凝土	表观密度现场检测	每个单位工程至少检测 5 组，每层至少 3 个点
喷射混凝土	抗压强度	每个单位工程至少检测 5 组
自密实混凝土	抗压强度	
砂浆	抗压强度	

表 5.3　土石方工程检测内容、项目与频次

检测项目	检测内容	检测频率
粘土斜墙、芯墙/土坝坝体填筑工程	压实度	每个单位工程至少检测 15 组
	渗透系数	每个单位工程至少检测 5 组
	击实试验	每个单位工程至少检测 5 组
砂砾料填筑工程	相对密度	每个单位工程至少检测 15 组
	渗透系数（当设计有要求时）	每个单位工程至少检测 5 组
堆石料填筑工程	干密度（孔隙率）、渗透系数等	每个单位工程至少检测 5 组
反滤料与过渡料填筑工程	干密度、孔隙率、渗透系数等	每个单位工程至少检测 5 组
垫层工程	压实度、孔隙率、渗透系数等	每个单位工程至少检测 5 组
堤防堤身填筑工程	压实度	每个单位工程至少检测 15 组
	渗透系数	每个单位工程至少检测 5 组
干砌石体（护坡）工程/水泥砂浆砌石护坡	厚度、平整度、岩石强度	每个单位工程至少检测 5 组

续表

检测项目	检测内容	检测频率
砌石坝工程	密度、孔隙率	每个单位工程至少检测 15 组
	坝体渗透性能	
	厚度、平整度、岩石强度	
抛石工程	尺寸、岩石强度（软化系数）	每个单位工程至少检测 15 组
预制防冲体工程	防冲体尺寸	每个单位工程至少检测 15 组
疏浚工程	河道过水断面面积	每个单位工程至少检测 10 个断面
	河底高程	
	河底宽度	

表 5.4 地基与基础处理工程检测内容、项目与频次

检测项目	检测内容	检测频率
地基与基础处理工程（基桩）	桩身完整性（低应变法或声波透射法）	每个单位工程至少检测 5 个孔
固结灌浆工程	透水率	每个单位工程至少检测 2 组
隧洞回填灌浆工程	10 min 透浆量	每个单位工程至少检测 2 组
坝体充填灌浆工程	透水率	每个单位工程至少检测 5 个孔
混凝土防渗墙工程	墙体连续完整性	每个单位工程至少检测 3 个（对）孔
	混凝土抗压强度	
	混凝土渗透性能	
高压喷射灌浆防渗墙工程	墙体连续完整性	每个单位工程至少检测 3 个孔
	胶结体抗压强度	
	胶结体渗透性能	

表 5.5　水工金属结构工程检测项目、内容与频次

检测项目	检测内容	检测频率
钢闸门工程	钢板厚度	每个单位工程至少检测 2 扇闸门,每扇闸门主要构件不少于 3 个测区
	焊缝内部质量	每个单位工程至少检测 1 扇闸门,每扇闸门一类、二类焊缝各抽检 2 个
	防腐质量(防腐层厚度、附着力)	每个单位工程至少检测 2 扇闸门,每扇闸门面板不少于 3 个局部厚度,主梁、边梁的翼板和腹板各不少于 1 个局部厚度
铸铁闸门工程	防腐厚度	每个单位工程至少检测 2 扇闸门
固定卷扬式启闭机	电动机三项电流不平衡度	每个单位工程至少检测 2 座启闭机
	电动机绝缘电阻	
	噪声	
	运行试验	
液压启闭机	活塞杆镀铬层厚度	
	试运行试验	
	沉降试验	
螺杆启闭机	螺杆直线度	
	试运行试验	
移动式启闭机	运行试验	
钢管	钢管壁厚	每类主要分部工程至少检测 5 组
	焊缝质量	
	防腐质量	

表 5.6 机械电气类工程检测项目、内容与频率

检测项目	检测内容	检测频率
运行设备	温升、稳定性（震动和噪声），有无异味，有无不正常的介质跑、冒、滴、漏，有无电气设备异常放电	每个单位工程至少检测 2 台
备用设备	空载或短时带负荷运行，查看设备运行状况	每个单位工程检测 1 台
低压开关柜	继电保护器（时间、电流、电压）、接触器（外观质量、绝缘电阻）、断路器（外观质量、绝缘电阻）、电气间隙、爬电距离等	每个单位工程至少抽查 1 台（套）
传感器和开度仪	外观质量、位移、行程、温度、压力、荷载及闸门开度	
水轮机	振动、主轴摆度、压力脉动、转速、导叶漏水量、噪声、焊缝质量、变形、水轮机出力、止漏环间隙、转轮几何尺寸等	
发电机	机械部分：振动、主轴摆度、轴承温度、噪声	
	电气部分：绝缘电阻、直流电阻、交流耐压、相序、轴电压、温升等	
励磁系统	绝缘和耐压试验	
高压电气设备	接地网电气完整性、接地阻抗、电气设备配电装置安全净距等	
电气二次设备	监控系统、继电保护系统、直流系统、同步系统、辅机及公用设备控制系统、工业电视系统及通信系统等	
水轮发电机综合性能	性能验收试验	
	启动试验	
泵站主水泵	流量、扬程（条件允许时）	
	振动、噪声、转速、效率等	

续表

检测项目	检测内容	检测频率
泵站主电动机	机械部分：振动、气隙等	每个单位工程至少抽查 1 台(套)
	电气部分：绝缘电阻、直流电阻、直流耐压性能、交流耐压性能、定子绕组极性及连接正确性、空载转动检查和三相电流不平衡度等	
泵站传动装置	振动、联轴器同轴度、齿轮箱漏油、缺陷等	
泵站电气设备	复核电力变压器、高压开关设备、低压电器、电力电缆,检测接地装置的完整性和有效性	
泵站电气二次设备	复核计算机监控系统、继电保护系统、直流系统、辅机设备控制系统、视频监控系统及通信系统等	
水泵机组综合性能	流量、扬程、转速、输入功率、装置效率等	

表 5.7 其他工程检测项目及抽检频次表

检测项目	检测内容		检测频率
桥梁工程	原材料质量、桩身完整性、混凝土抗压强度(回弹法)、断面结构尺寸、橡胶支座安装质量等		每个单位工程至少检测 2 座桥梁
道路工程	底基层和基层	压实度、宽度、厚度、平整度	每个单位工程,至少检测 2 条道路 3 个断面
	面层	抗压强度(回弹法)、宽度、厚度、平整度、横坡	
房建工程	混凝土结构	抗压强度(回弹法)、钢筋保护层、结构尺寸、柱垂直度等	每座房建至少检测 2 次
	防雷与接地	接地电阻、接闪器引下线安装、避雷针与避雷带安装质量	

第6章 工程安全监督检查要点

6.1 危大工程

危险性较大的单项工程(以下简称"危大工程"),是指在施工过程中,容易导致人员群死群伤或者造成重大经济损失的单项工程。

施工单位应当在危大工程施工前编制专项施工方案。对于超过一定规模的危大工程,施工单位应当组织召开专家论证会对专项施工方案进行论证。

6.1.1 危大工程判别

6.1.1.1 达到一定规模的危险性较大的单项工程

(1)基坑支护、降水工程。开挖深度达到3(含)~5 m或虽未超过3 m但地质条件和周边环境复杂的基坑(槽)支护、降水工程。

(2)土方和石方开挖工程。开挖深度达到3(含)~5 m的基坑(槽)的土方和石方开挖工程。

(3)模板工程及支撑体系。①大模板等工具式模板工程。②混凝土模板支撑工程。搭设高度5(含)~8 m,搭设跨度10(含)~18 m,施工总荷载10(含)~15 kN/m²,集中线荷载15(含)~20 kN/m,高度大于支撑水平投影宽度且相对独立无联系构件的混凝土模板支撑工程。③承重支撑体系,用于钢结构安装等满堂支撑体系。

(4)起重吊装及安装拆卸工程。①采用非常规起重设备、方法,且单件起吊重量在10(含)~100 kN的起重吊装工程。②采用起重机械进行安装的工程。③起重机械设备自身的安装、拆卸。

(5)脚手架工程。①搭设高度 24～50 m 的落地式钢管脚手架工程。②附着式整体和分片提升脚手架工程。③悬挑式脚手架工程。④吊篮脚手架工程。⑤自制卸料平台、移动操作平台工程。⑥新型及异型脚手架工程。

(6)拆除、爆破工程。

(7)围堰工程。

(8)水上作业工程。

(9)沉井工程。

(10)临时用电工程。

(11)其他危险性较大的工程。

6.1.1.2　超过一定规模的危险性较大的单项工程

(1)深基坑工程。①开挖深度超过 5 m(含)的基坑(槽)的土方开挖、支护、降水工程。②开挖深度虽未超过 5 m,但地质条件、周围环境和地下管线复杂,或影响毗邻建筑(构筑)物安全的基坑(槽)的土方开挖、支护、降水工程。

(2)模板工程及支撑体系。①工具式模板工程:滑模、爬模、飞模工程。②混凝土模板支撑工程:搭设高度 8 m 及以上;搭设跨度 18 m 及以上;施工总荷载 15 kN/m² 及以上;集中线荷载 20 kN/m 及以上。③承重支撑体系:用于钢结构安装等满堂支撑体系,承受单点集中荷载 700 kg 以上。

(3)起重吊装及安装拆卸工程。①采用非常规起重设备、方法,且单件起吊重量在 100 kN 及以上的起重吊装工程。②起重量 300 kN 及以上的起重设备安装工程;高度 200 m 及以上内爬起重设备的拆除工程。

(4)脚手架工程。①搭设高度 50 m 及以上落地式钢管脚手架工程。②提升高度 150 m 及以上附着式整体和分片提升脚手架工程。③架体高度 20 m 及以上悬挑式脚手架工程。

(5)拆除、爆破工程。①采用爆破拆除的工程。②可能影响行人、交通、电力设施、通信设施或其他建筑(构筑)物安全的拆除工程。③文物保护建筑、优秀历史建筑或历史文化风貌区控制范围的拆除工程。

(6)其他。①开挖深度超过 16 m 的人工挖孔桩工程。②地下暗挖工程、顶管工程、水下作业工程。③采用新技术、新工艺、新材料、新设备及尚无相关技术标准的危险性较大的单项工程。

6.1.2　专项施工方案编制

施工单位应当在危大工程施工前组织工程技术人员编制专项施工方案。实行施工总承包的，专项施工方案应当由施工总承包单位组织编制。实行分包的，专项施工方案可由相关专业分包单位组织编制。

专项施工方案应当由施工单位技术负责人审核签字、加盖单位公章，并由总监理工程师审查签字、加盖执业印章后方可实施。危大工程实行分包并由分包单位编制专项施工方案的，专项施工方案应当由总承包单位技术负责人及分包单位技术负责人共同审核签字并加盖单位公章。

6.1.3　专家论证

对于超过一定规模的危大工程，施工单位应当组织召开专家论证会对专项施工方案进行论证。实行施工总承包的，由施工总承包单位组织召开专家论证会。专家论证前专项施工方案应当通过施工单位审核和总监理工程师审查。

专家应当从专家库中选取，符合专业要求且人数不得少于 5 名。与本工程有利害关系的人员不得以专家身份参加专家论证会。

专家论证会后，应当形成论证报告，对专项施工方案提出通过、修改后通过或者不通过的一致意见。专家对论证报告负责并签字确认。专项施工方案经论证需修改后通过的，施工单位应当根据论证报告修改完善后，重新履行签字盖章程序。

专项施工方案经论证不通过的，施工单位修改后应当重新组织专家进行论证。

6.1.4　现场安全管理

施工单位应当在施工现场的显著位置公告危大工程名称、施工时间和具体责任人员，并在危险区域设置安全警示标志。

专项施工方案实施前，编制人员或者项目技术负责人应当向施工现场管理人员进行方案交底。

施工现场管理人员应当向作业人员进行安全技术交底，并由双方和项目专职安全生产管理人员共同签字确认。

施工单位应当严格按照专项施工方案组织施工,不得擅自修改专项施工方案。因规划调整、设计变更等原因确需调整的,修改后的专项施工方案应当重新审核和论证。涉及资金或者工期调整的,建设单位应当按照约定予以调整。

施工单位应当对危大工程施工作业人员进行登记,项目负责人应当在施工现场履职。项目专职安全生产管理人员应当对专项施工方案实施情况进行现场监督,对未按照专项施工方案施工的,应当要求立即整改,并及时报告项目负责人,项目负责人应当及时组织限期整改。施工单位应当按照规定对危大工程进行施工监测和安全巡视,若发现危及人身安全的紧急情况,应当立即组织作业人员撤离危险区域。

6.1.5　工程监理

监理单位应当结合危大工程专项施工方案编制监理实施细则,并对危大工程施工实施专项巡视检查。

监理单位发现施工单位未按照专项施工方案施工的,应当要求其进行整改;情节严重的,应当要求其暂停施工,并及时报告建设单位。施工单位拒不整改或者不停止施工的,监理单位应当及时报告建设单位和工程所在地主管部门。

6.1.6　工程监测

对于按照规定需要进行第三方监测的危大工程,建设单位应当委托具有相应勘察资质的单位进行监测。监测单位应当编制监测方案。监测方案由监测单位技术负责人审核签字并加盖单位公章,报送监理单位后方可实施。

监测单位应当按照监测方案开展监测,及时向建设单位报送监测成果,并对监测成果负责;发现异常时,及时向建设、设计、施工、监理单位报告,建设单位应当立即组织相关单位采取处置措施。

6.1.7　工程验收

对于按照规定需要验收的危大工程,施工单位、监理单位应当组织相关人员进行验收。验收合格的,经施工单位项目技术负责人及总监理工程师签字确认后,方可进入下一道工序。

危大工程验收合格后,施工单位应当在施工现场明显位置设置验收标识牌,公示验收时间及责任人员。

6.1.8 监督管理

县级以上地方人民政府水行政部门或者所属施工安全监督机构,应当根据监督工作计划对危大工程进行抽查。

县级以上地方人民政府水行政部门或者所属施工安全监督机构,可以通过政府购买技术服务方式,聘请具有专业技术能力的单位和人员对危大工程进行检查,所需费用向本级财政申请予以保障。

县级以上地方人民政府水行政部门或者所属施工安全监督机构,在监督抽查中发现危大工程存在安全隐患的,应当责令施工单位整改;重大安全事故隐患排除前或者排除过程中无法保证安全的,责令从危险区域内撤出作业人员或者暂时停止施工;对依法应当给予行政处罚的行为,应当依法作出行政处罚决定。

6.2 危险源辨识及风险评价

水利水电工程施工危险源(以下简称"危险源"),是指在水利水电工程施工过程中有潜在能量和物质释放危险的、可造成人员伤亡、健康损害、财产损失、环境破坏,在一定的触发因素作用下可转化为事故的部位、区域、场所、空间、岗位、设备及其位置。

水利水电工程施工重大危险源(以下简称"重大危险源"),是指在水利水电工程施工过程中有潜在能量和物质释放危险的、可能导致人员死亡、健康严重损害、财产严重损失、环境严重破坏,在一定的触发因素作用下可转化为事故的部位、区域、场所、空间、岗位、设备及其位置。

水利工程建设项目法人和勘测、设计、施工、监理等参建单位(以下一并简称为"各单位"),是危险源辨识、风险评价和管控的主体。各单位应结合本工程实际,根据工程施工现场情况和管理特点,全面开展危险源辨识与风险评价,严格落实相关管理责任和管控措施,有效防范和减少安全生产事故。

水行政主管部门和流域管理机构依据有关法律法规、技术标准和导则对危险源辨识与风险评价工作进行指导、监督与检查。

危险源的辨识与风险等级评价按阶段划分为工程开工前和施工期两个阶段。

工程开工前,项目法人应组织其他参建单位研究制定危险源辨识与风险管理制度,明确监理、施工、设计等单位的职责、辨识范围、流程、方法等;施工单位应按要求组织开展本标段危险源辨识及风险等级评价工作,并将成果及时报送项目法人和监理单位;项目法人应开展本工程危险源辨识和风险等级评价,编制危险源辨识与风险评价报告。

危险源辨识与风险评价报告的主要内容有:(1)工程简介包括工程概况,对施工作业环境、危险物质仓储区、生活及办公区自然环境、危险特性、工作或作业持续时间等进行描述。(2)辨识与评价主要依据。(3)评价方法和标准,结合工程实际选用相关评价方法,制定评价标准。(4)辨识与评价,危险源及其级别,危险源风险等级。(5)安全管控措施,根据辨识与评价结果,对可能导致事故发生的危险、有害因素提出安全制度、技术及管理措施等。(6)应急预案,根据辨识与评价结果提出相关的应急预案。

危险源辨识与风险评价报告应经本单位安全生产管理部门负责人和主要负责人签字确认,必要时组织专家进行审查后确认。

工程施工期,各单位应对危险源实施动态管理,及时掌握危险源及风险状态和变化趋势,实时更新危险源及风险等级,并根据危险源及风险状态制定针对性的防控措施。

各单位应对危险源进行登记,其中重大危险源和风险等级为重大的一般危险源应建立专项档案,明确管理的责任部门和责任人。重大危险源应按有关规定报项目主管部门和有关部门备案。

各单位可依照有关法律法规和技术标准,结合本单位和工程实际适当增补危险源内容,按照标准的方法判定风险。

6.2.1　危险源类别

危险源分五个类别,分别为施工作业类、机械设备类、设施场所类、作业环境类和其他类,各类的辨识与评价对象主要有:

(1)施工作业类:明挖施工,洞挖施工,石方爆破,填筑工程,灌浆工程,斜井竖井开挖,地质缺陷处理,砂石料生产,混凝土生产,混凝土浇筑,脚手架工程,模板工程及支撑体系,钢筋制安,金属结构制作、安装及机电设备安装,建筑物拆除,配套电网工程,降排水,水上(下)作业,有限空间作业,高空作业,管道安装,其他单项工程等。

(2)机械设备类:运输车辆,特种设备,起重吊装及安装拆卸等。

（3）设施场所类：存弃渣场，基坑，爆破器材库，油库油罐区，材料设备仓库，供水系统，通风系统，供电系统，修理厂、钢筋厂及模具加工厂等金属结构制作加工厂场所，预制构件场所，施工道路、桥梁、隧洞，围堰等。

（4）作业环境类：不良地质地段，潜在滑坡区，超标准洪水，粉尘，有毒有害气体及有毒化学品泄漏环境等。

（5）其他类：野外施工，消防安全，营地选址等。

对首次采用的新技术、新工艺、新设备、新材料及尚无相关技术标准的危险性较大的单项工程应作为危险源对象进行辨识与风险评价。

6.2.2　危险源级别与风险等级

危险源分两个级别，分别为重大危险源和一般危险源。

危险源的风险等级分为四级，由高到低依次为重大风险、较大风险、一般风险和低风险。

（1）重大风险：发生风险事件概率、危害程度均为大，或危害程度为大、发生风险事件概率为中；极其危险，由项目法人组织监理单位、施工单位共同管控，主管部门重点监督检查。

（2）较大风险：发生风险事件概率、危害程度均为中，或危害程度为中、发生风险事件概率为小；高度危险，由监理单位组织施工单位共同管控，项目法人监督。

（3）一般风险：发生风险事件概率为中、危害程度为小；中度危险，由施工单位管控，监理单位监督。

（4）低风险：发生风险事件概率、危害程度均为小；轻度危险，由施工单位自行管控。

6.2.3　危险源辨识

危险源辨识是指对危险因素进行分析，识别危险源的存在并确定其特性的过程，包括辨识出危险源以及判定危险源类别与级别。

危险源辨识应由经验丰富、熟悉工程安全技术的专业人员，采用科学、有效及适用的方法，辨识出本工程的危险源，对其进行分类和分级，汇总制定危险源清单，确定危险源名称、类别、级别、可能导致事故类型及责任人等内容。必要时可进行集体讨论或专家技术论证。

危险源辨识可采取直接判定法、安全检查表法、预先危险性分析法及因果分析法等方法。

危险源辨识应考虑工程区域内的生活、生产、施工作业场所等危险发生的可能性，暴露于危险环境频率和持续时间，储存物质的危险特性、数量以及仓储条件，环境、设备的危险特性以及可能发生事故的后果严重性等因素，综合分析判定。

危险源辨识应先采用直接判定法，不能用直接判定法辨识的，可采用其他方法进行判定。当工程区域内出现符合《水利水电工程施工重大危险源清单（指南）》（见表6.1）中的任何一条要素的，可直接判定为重大危险源。

各单位应定期开展危险源辨识，当有新规程规范发布（修订），或施工条件、环境、要素或危险源致险因素发生较大变化，或发生生产安全事故时，应及时组织重新辨识。

表 6.1　水利水电工程施工重大危险源清单（指南）

序号	类别	项目	重大危险源	可能导致的事故类型
1	施工作业类	明挖施工	滑坡地段的开挖	坍塌、物体打击、机械伤害
2			堆渣高度大于 10 m（含）的挖掘作业	坍塌、物体打击、机械伤害
3			土方边坡高度大于 30 m（含）或地质缺陷部位的开挖作业	坍塌、物体打击、机械伤害
4			石方边坡高度大于 50 m（含）或滑坡地段的开挖作业	坍塌、物体打击、机械伤害
5		洞挖施工	断面大于 20 m² 或单洞长度大于 50 m 以及地质缺陷部位开挖；地应力大于 20 MPa 或大于岩石强度的 1/5 或埋深大于 500 m 部位的作业；洞室临近相互贯通时的作业；当某一工作面爆破作业时，相邻洞室的施工作业	冒顶片帮、物体打击、机械伤害
6			不能及时支护的部位	冒顶片帮、物体打击、机械伤害
7			隧洞进出口及交叉洞作业	冒顶片帮、物体打击、机械伤害
8			地下水活动强烈地段开挖	透水、物体打击、机械伤害

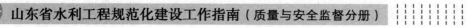

续表

序号	类别	项目	重大危险源	可能导致的事故类型
9	施工作业类	石方爆破	一次装药量大于 200 kg（含）的爆破；雷雨天气的露天爆破作业；多作业面同时爆破	火药爆炸、放炮、物体打击、坍塌
10			一次装药量大于 50 kg（含）的地下爆破	火药爆炸、放炮、物体打击、冒顶片帮
11			斜井开挖的爆破作业	火药爆炸、放炮、物体打击、冒顶片帮
12			竖井开挖的爆破作业	火药爆炸、放炮、物体打击、冒顶片帮
13			临近边坡的地下开挖爆破作业	火药爆炸、放炮、物体打击、坍塌
14		灌浆工程	采用危险化学品进行化学灌浆	中毒或其他伤害
15		斜井、竖井开挖	提升系统行程大于 20 m（含）	高处坠落
16			大于 20 m（含）的沉井工程	物体打击、机械伤害
17		混凝土生产工程	制冷车间的液氨制冷系统	中毒、爆炸
18		脚手架工程	搭设高度 24 m 及以上的落地式钢管脚手架工程；附着式整体和分片提升脚手架工程；悬挑式脚手架工程；吊篮脚手架工程；新型及异型脚手架工程	坍塌、高处坠落、物体打击
19		模板工程及支撑体系	滑模、爬模、飞模工程	物体打击、高处坠落
20			搭设高度 5 m 及以上；搭设跨度 10 m 及以上；施工总荷载 10 kN/m² 及以上；集中线荷载 15 kN/m 及以上	物体打击、高处坠落
21			用于钢结构安装等满堂支撑体系	物体打击、高处坠落
22		金属结构制作、安装及机电设备安装	采用非常规起重设备、方法，且单件起吊重量在 10 kN 及以上的起重吊装工程	机械伤害、高处坠落
23			使用易爆、有毒和易腐蚀的危险化学品进行作业	爆炸、中毒或其他伤害

序号	类别	项目	重大危险源	可能导致的事故类型
24	施工作业类	建筑物拆除工程	采取机械拆除,拆除高度大于 10 m;可能影响行人、交通、电力设施、通信设施或其他建筑(构筑)物安全的拆除作业;文物保护建筑、优秀历史建筑或历史文化风貌区控制范围的拆除作业	坍塌、物体打击、高处坠落、机械伤害
25			围堰拆除作业	坍塌
26			爆破拆除作业	爆炸、物体打击
27		降排水	降排水工程	淹溺
28	机械设备类	起重吊装及安装拆卸	采用非常规起重设备、方法,且单件起吊重量在 10 kN 及以上的起重吊装工程	物体打击、机械伤害
29			采用起重机械进行安装的工程	物体打击、起重伤害、高处坠落
30			起重机械设备自身的安装、拆卸作业	起重伤害、高处坠落、触电
31	设施场所类	存弃渣场	弃渣堆下方有生活区或办公区	坍塌
32		基坑	开挖深度超过 5 m(含)的深基坑作业,或开挖深度虽未超过 5 m,但地质条件、周围环境和地下管线复杂,或影响毗邻建筑(构筑)物安全的深基坑作业	坍塌、高处坠落
33		油库油罐区	参照《危险化学品重大危险源辨识》(GB 18218—2009)标准	火灾、爆炸
34		材料设备仓库	参照《危险化学品重大危险源辨识》(GB 18218—2009)标准	爆炸
35		供电系统	临时用电工程	触电
36		隧洞	浅埋隧洞	坍塌
37		围堰	围堰工程	淹溺

续表

序号	类别	项目	重大危险源	可能导致的事故类型
38	作业环境类	超标准洪水、粉尘	超标准洪水	淹溺、火药爆炸
39		有毒有害气体及有毒化学品泄漏环境	参照《危险化学品重大危险源辨识》（GB 18218—2009)标准	中毒或其他伤害
40			参照《危险化学品重大危险源辨识》（GB 18218—2009)标准	中毒或其他伤害
41	其他类	营地选址	施工驻地及场站设置在可能发生滑坡、塌方、泥石流、崩塌、落石、洪水、雪崩等的危险区域	坍塌、淹溺、物体打击
42		其他单项工程	采用新技术、新工艺、新材料、新设备的危险性较大的单项工程	坍塌
43			尚无相关技术标准的危险性较大的单项工程	坍塌

6.2.4　风险评价

风险评价是对危险源的各种危险因素、发生事故的可能性及损失与伤害程度等进行调查、分析、论证等，以判断危险源风险等级的过程。

危险源的风险等级评价可采取直接评定法、安全检查表法、作业条件危险性评价法（LEC）等方法，推荐使用作业条件危险性评价法。

重大危险源的风险等级直接评定为重大风险等级；危险源风险等级评价主要对一般危险源进行风险评价，可结合工程施工实际选取适当的评价方法。

6.2.5　作业条件危险性评价法

作业条件危险性评价法适用于各个阶段。作业条件危险性评价法中危险性大小值 D 的计算如下：

$$D = LEC$$

式中，D 为危险性大小值；L 为发生事故或危险事件的可能性大小；E 为人体暴露于危险环境的频率；C 为危险严重程度。

（1）发生事故或危险事件的可能性大小与作业类型有关，可根据施工工期

制定出相应的 L 值判定指标。L 值可按表 6.2 的规定确定。

表 6.2　事故或危险性事件发生的可能性 L 值对照表

L 值	事故发生的可能性
10	完全可以预料
6	相当可能
3	可能,但不经常
1	可能性小,完全意外
0.5	很不可能,可以设想
0.2	极不可能

(2)人体暴露于危险环境的频率与工程类型无关,仅与施工作业时间长短有关,可从人体暴露于危险环境的频率,或危险环境人员的分布及人员出入的多少,或设备及装置的影响因素,分析、确定 E 值的大小,可按表 6.3 的规定确定。

表 6.3　暴露于危险环境的频率因素 E 值对照表

E 值	暴露于危险环境的频繁程度
10	连续暴露
6	每天工作时间内暴露
3	每周 1 次,或偶然暴露
2	每月 1 次暴露
1	每年几次暴露
0.5	非常罕见暴露

(3)发生事故可能造成的后果,即危险严重度因素与危险源在触发因素作用下发生事故时产生后果的严重程度有关,可从人身安全、财产及经济损失、社会影响等因素,分析危险源发生事故可能产生的后果确定 C 值,可按表 6.4 的规定确定。

表 6.4　危险严重度因素 C 值对照表

C 值	危险严重度因素
100	造成 30 人以上（含 30 人）死亡，或者 100 人以上重伤（包括急性工业中毒，下同），或者 1 亿元以上直接经济损失
40	造成 10~29 人死亡，或者 50~99 人重伤，或者 5000 万元以上 1 亿元以下直接经济损失
15	造成 3~9 人死亡，或者 10~49 人重伤，或者 1000 万元以上 5000 万元以下直接经济损失
7	造成 3 人以下死亡，或者 10 人以下重伤，或者 1000 万元以下直接经济损失
3	无人员死亡，致残或重伤，或很小的财产损失
1	引人注目，不利于基本的安全卫生要求

（4）危险源风险等级划分以作业条件危险性大小作为标准，按表 6.5 的规定确定。

表 6.5　作业条件危险性评价法危险性等级划分标准

D 值区间	危险程度	风险等级
$D>320$	极其危险，不能继续作业	重大风险
$320 \geqslant D>160$	高度危险，需立即整改	较大风险
$160 \geqslant D>70$	一般危险（或显著危险），需要整改	一般风险
$D \leqslant 70$	稍有危险，需要注意（或可以接受）	低风险

各单位应结合本单位实际，根据工程施工现场情况和管理特点，合理确定 L、E 和 C 值。各类一般危险源的 L、E 和 C 值赋分参考取值范围及判定风险等级范围见《水利水电工程施工一般危险源 LEC 法风险评价赋分表（指南）》（见表 6.6）。

表 6.6 水利水电工程施工一般危险源 LEC 法风险评价赋分表 (指南)

序号	类别	项目	危险源	一般危险源	LEC 法取值范围				风险等级范围
					L	E	C	D	
1	施工作业类	明挖施工	有堆渣的挖掘作业	堆渣高度小于 10 m 的挖掘作业	1~6	3~10	7~15	21~900	低~重大
2			土方边坡开挖作业	土方边坡高度小于 30 m 的开挖作业	1~6	6~10	3~15	18~900	低~重大
3			石方边坡开挖作业	石方边坡高度小于 50 m 的开挖作业	1~6	6~10	7~15	42~900	低~重大
4		洞挖施工	洞室开挖	断面小于 20 m² 或单洞长度小于 50 m 以及非地质缺陷开挖;地应力小于 20 MPa或小于岩石强度的 1/5 或深埋深小于 500 m 部位的作业;非重大风险源所列内容的普通洞挖	1~6	6~10	3~40	18~2400	低~重大
5			洞室支护	能及时支护的部位	0.2~6	6~10	3~15	3.6~900	低~重大
6		石方爆破	石方明挖的爆破作业	一次装药量小于 200 kg 的爆破	1~6	2~6	7~15	14~540	低~重大
7			石方洞挖的爆破作业	一次装药量小于 50 kg 的地下爆破;非重大风险源所列内容的普通爆破	1~6	2~6	7~40	14~1440	低~重大
8		填筑工程	截流工程	截流工程	6~10	3~6	7~15	126~900	一般~重大
9			堤防工程	堤防工程	0.2~3	2~6	3~15	1.2~270	低~较大
10			大坝工程	大坝工程	1~6	2~6	7~100	14~3600	低~重大

续表

序号	类别	项目	危险源	一般危险源	LEC法取值范围				风险等级范围
					L	E	C	D	
11	施工作业类	灌浆工程	采用危险化学品进行化学灌浆；廊道内灌浆	非采用危险化学品进行化学灌浆，廊道内灌浆	3~6	3~6	7~15	63~540	低~重大
12		灌注桩施工，旋挖桩施工，防渗墙施工	灌注桩施工，旋挖桩施工，防渗墙施工	灌注桩施工，旋挖桩施工，防渗墙施工	1~6	3~6	1~3	3~108	低~一般
13		斜井、竖井开挖	井筒衬砌部分	井筒衬砌	1~3	3~6	3~7	9~126	低~一般
14			竖井提升设施	提升系统行程小于20 m	1~3	3~6	7~40	21~720	低~重大
15			斜井开挖	斜井开挖	1~3	3~6	7~15	21~270	低~较大
16			竖井开挖	竖井开挖	0.5~3	3~6	3~7	5~126	低~一般
17			沉井工程	小于20 m的沉井工程	0.5~6	3~6	7~15	10.5~540	低~重大
18			天锚或地锚	天锚或地锚	6~10	3~10	7~15	126~1500	一般~重大
19		砂石料生产	砂石料破碎机	砂石料破碎机	0.2~1	1~6	1~3	0.2~18	低
20		混凝土生产	混凝土拌和楼（系统）	混凝土拌和楼（系统）	1~6	3~6	3~15	9~540	低~重大
21		混凝土浇筑	利用缆机，塔带机或门机浇筑	利用缆机，塔带机或门机浇筑	3~6	6~10	7~15	126~900	一般~重大
22			浇筑	浇筑	0.5~6	2~10	3~15	3~900	低~重大

续表

序号	类别	项目	危险源	一般危险源	LEC法取值范围 L	E	C	D	风险等级范围
23		脚手架工程	脚手架工程	搭设高度24 m以下的落地式钢管脚手架工程	1~6	3~6	3~40	9~1440	低~较大
24			自制卸料平台、移动操作平台工程	自制卸料平台,移动操作平台工程	3~6	3~6	7~40	63~1440	低~重大
25		模板工程	模板拆除	模板拆除	0.2~3	6~10	3~7	3.6~210	低~较大
26			模板支撑工程	搭设高度5 m以下;搭设跨度10 m以下;施工总荷载10 kN/m²以下;集中线荷载15 kN/m以下的非重大风险源所列内容的普通模板	1~6	6~10	3~15	18~900	低~重大
27	施工作业类	钢筋工程	运输	运输	1~6	3~6	3~7	9~252	低~较大
28			焊接	焊接	0.2~3	3~6	3~7	1.8~126	低~一般
29		金属结构制作、安装及机电设备安装	金属结构制造	金属结构制造	1~6	6~10	3~7	18~420	低~重大
30			金属结构安装	采用常规起重设备、方法,或单件起重重量在10 kN以下的起重吊装工程	1~6	3~6	3~7	9~252	低~较大
31			水轮机及发电机安装	采用常规起重设备、方法,或单件起重重量在10 kN以下的起重吊装工程	1~3	3~6	3~7	9~126	低~一般
32			高空作业及上下交叉作业	高空作业及上下交叉作业	3~6	6~10	7~40	126~2400	一般~重大

续表

序号	类别	项目	危险源	一般危险源	LEC法取值范围				风险等级范围
					L	E	C	D	
33	施工作业类	建筑物拆除	一般建筑物拆除	采取机械拆除、拆除高度小于10 m；其他非重大风险源所列内容的一般建筑物拆除	0.5~6	3~6	3~15	4.5~540	低~重大
34		配套电网工程	组立或整修杆塔	组立或整修杆塔	0.5~3	0.5~6	3~7	0.75~126	低~一般
35			电线杆	电线杆	0.5~3	0.5~6	3~7	0.75~126	低~一般
36		降排水	降排水期间影响范围内的建筑物	降排水期间影响范围内的建筑物	0.5~3	3~6	1~7	1.5~126	低~一般
37			降水井	降水井	0.5~3	3~6	1~3	1.5~54	低
38		水上（下）作业	工程船舶改造、船舶与陆用设备组合作业	工程船舶改造、船舶与陆用设备组合作业	0.5~3	3~6	3~7	4.5~126	低~一般
39			水下焊接、爆破	水下焊接、爆破	3~6	3~6	7~15	63~540	低~重大
40			潜水作业	潜水作业	3~6	3~6	3~7	27~252	低~较大
41		有限空间作业	顶管作业	顶管作业	3~6	6~10	3~7	54~420	低~重大
42			人工挖孔桩	人工挖孔桩	3~6	3~6	3~7	27~252	低~较大
43		管道安装	管道	管道	3~6	3~6	3~15	27~540	低~重大

续表

序号	类别	项目	危险源	一般危险源	L	E	C	D	风险等级范围
44	运输车辆	运输车辆	运输车辆	运输车辆	3~6	3~6	3~7	27~252	低~较大
45	机械设备类	特种设备	大型施工机械的安装、运行及拆卸	大型施工机械的安装、运行及拆卸	6~10	3~6	7~15	126~900	一般~重大
46			压力容器	压力容器	3~6	3~6	3~15	27~540	低~重大
47			锅炉	锅炉	6~10	6~10	3~15	108~1500	一般~重大
48		起重设备安装、拆卸及吊装作业	起重机械设备自身的安装、拆卸作业	采用常规起重设备、方法，且单件起吊重量在10 kN以下的起重吊装工程	6~10	3~6	7~15	126~900	一般~重大
49	设施场所类	弃渣场	弃渣堆	普通弃渣堆，下方无人作业	3~6	6~10	7~100	126~6000	一般~重大
50		基坑	基坑	开挖深度未超过5 m的普通作业	1~3	3~6	7~40	21~720	低~重大
51		油库、油罐	汽油、柴油等油品储存区	储存量低于临界量的汽油、柴油等油品储存区	参照《危险化学品重大危险源辨识》(GB 18218—2009)标准				
52		危险化学品仓库	乙炔等危险化学品储存区	储存量低于临界量的乙炔等危险化学品储存区	参照《危险化学品重大危险源辨识》(GB 18218—2009)标准				
53		供水系统	输水主干管	输水管道	3~6	3~6	3~7	27~252	低~较大
54			利用液氯进行消毒和用盐酸进行污水处理	利用液氯进行消毒和用盐酸进行污水处理	3~6	6~10	7~15	126~900	一般~重大

续表

序号	类别	项目	危险源	一般危险源	LEC法取值范围				风险等级范围
					L	E	C	D	
55		供水系统	高位水池	高位水池	3~6	6~10	7~15	126~900	一般~重大
56		通风系统	空压机房、供风管路等设施	空压机房、供风管路等设施	3~6	3~6	3~7	27~252	低~较大
57			储气罐	储气罐	3~6	3~6	3~7	27~252	低~较大
58		供电系统	变压器	变压器	3~6	6~10	3~7	54~420	低~重大
59			变电站	变电站	3~6	6~10	3~7	54~420	低~重大
60			高压电缆或高压线	高压电缆或高压线	3~6	6~10	3~7	54~420	低~重大
61	设施场所类	修理厂、钢筋厂、模具厂等	加工机械	加工机械	1~6	3~6	1~3	3~108	低~一般
62		预制构件场	预制构件制作	预制构件制作	1~6	3~6	1~3	3~108	低~一般
63		施工道路、桥梁	车辆	车辆	1~6	3~6	1~3	3~108	低~一般
64		隧洞	甲烷	甲烷	1~6	3~6	1~3	3~108	低~一般
65			有毒气体	有毒气体	1~6	3~6	1~3	3~108	低~一般

续表

序号	类别	项目	危险源	一般危险源	LEC法取值范围				风险等级范围
					L	E	C	D	
66	作业环境类	不良地质地段	不良地质地段	不良地质地段	1~6	3~10	7~15	21~900	低~重大
67		潜在滑坡区	潜在滑坡区	潜在滑坡区	1~6	3~10	7~15	21~900	低~重大
68		粉尘	粉尘	粉尘	1~6	3~6	1~3	3~108	低~一般
69		野外有毒气体有害气体及有毒毒化学品泄漏环境类	野外有毒有害气体	野外有毒有害气体	参照《危险化学品重大危险源辨识》(GB 18218—2009)标准				
70			危险化学品	危险化学品	参照《危险化学品重大危险源辨识》(GB 18218—2009)标准				
71		具有危险性的动、植物	具有危险性的动、植物	具有危险性的动、植物	1~6	2~6	1~3	2~108	低~一般
72	其他类		高压线或不明管道	高压线或不明管道	1~6	3~6	1~3	3~108	低~一般
73		野外施工	施工过程使用的临时、永久道路、桥梁、隧洞	施工过程使用的临时、永久道路、桥梁、隧洞	1~6	3~6	1~3	3~108	低~一般
74			施工期地质勘探	施工期地质勘探	1~6	3~6	1~3	3~108	低~一般
75		消防	可燃物的堆放与使用	可燃物的堆放与使用	1~6	3~6	1~3	3~108	低~一般
76		安全	生活区用电、明火	生活区用电、明火	1~6	3~6	1~3	3~108	低~一般

6.3 生产安全重大事故隐患判定

水利建设各参建单位是事故隐患判定工作的主体，要根据有关法律法规、技术标准和判定标准对排查出的事故隐患进行科学合理判定。对于判定出的重大事故隐患，有关单位要立即组织整改，不能立即整改的，要做到整改责任、资金、措施、时限和应急预案"五落实"。重大事故隐患及其整改进展情况需经本单位负责人同意后报有管辖权的水行政主管部门。

各级水行政主管部门要建立健全重大事故隐患治理督办制度，依法切实加强督办工作。对在监督检查中发现的重大事故隐患、有关单位上报的重大事故隐患，要建立台账，认真开展跟踪督办，督促相关责任单位落实整改责任，确保生产安全。

水利工程建设项目生产安全重大事故隐患清单指南（2021年版）见表6.7。

表 6.7　水利工程建设项目生产安全重大事故隐患清单指南

序号	类别	管理环节	隐患编号	隐患内容
1	基础管理	人员管理	SJ-J001	项目法人和施工企业未按规定设置安全生产管理机构或未按规定配备专职安全生产管理人员；施工企业主要负责人、项目负责人和专职安全生产管理人员未按规定持有效的安全生产考核合格证书；特种（设备）作业人员未持有效证件上岗作业
2		方案管理	SJ-J002	无施工组织设计施工；危险性较大的单项工程无专项施工方案；超过一定规模的危险性较大单项工程的专项施工方案未按规定组织专家论证、审查擅自施工；未按批准的专项施工方案组织实施；需要验收的危险性较大的单项工程未经验收合格转入后续工程施工
3	临时工程	营地及施工设施建设	SJ-J003	施工工厂区、施工（建设）管理及生活区、危险化学品仓库布置在洪水、雪崩、滑坡、泥石流、塌方及危石等危险区域

续表

序号	类别	管理环节	隐患编号	隐患内容
4	临时工程	临时设施	SJ-J004	宿舍、办公用房、厨房操作间、易燃易爆危险品库等消防重点部位安全距离不符合要求且未采取有效防护措施;宿舍、办公用房、厨房操作间、易燃易爆危险品库等建筑构件的燃烧性能等级未达到 A 级;宿舍、办公用房采用金属夹芯板材时,其芯材的燃烧性能等级未达到 A 级
5		围堰工程	SJ-J005	围堰不符合规范和设计要求;围堰位移及渗流量超过设计要求,且无有效管控措施
6	专项工程	临时用电	SJ-J006	施工现场专用的电源中性点直接接地的低压配电系统未采用 TN-S 接零保护系统;发电机组电源未与其他电源互相闭锁,并列运行;外电线路的安全距离不符合规范要求且未按规定采取防护措施
7		脚手架	SJ-J007	达到或超过一定规模的作业脚手架和支撑脚手架的立杆基础承载力不符合专项施工方案的要求,且已有明显沉降;立杆采用搭接(作业脚手架顶步距除外);未按专项施工方案设置连墙件
8		模板工程	SJ-J008	爬模、滑模和翻模施工脱模或混凝土承重模板拆除时,混凝土强度未达到规定值
9		危险物品	SJ-J009	运输、使用、保管和处置雷管炸药等危险物品不符合安全要求
10		起重吊装与运输	SJ-J010	起重机械未按规定经有相应资质的检验检测机构检验合格后投入使用;起重机械未配备荷载、变幅等指示装置和荷载、力矩、高度、行程等限位、限制及连锁装置;同一作业区两台及以上起重设备运行未制定防碰撞方案,且存在碰撞可能;隧洞竖(斜)井或沉井、人工挖孔桩井载人(货)提升机械未设置安全装置或安全装置不灵敏
11		起重吊装与运输	SJ-J011	大中型水利水电工程金属结构施工采用临时钢梁、龙门架、天锚起吊闸门、钢管前,未对其结构和吊点进行设计计算、履行审批审查验收手续,未进行相应的负荷试验;闸门、钢管上的吊耳板、焊缝未经检查检测和强度验算投入使用

续表

序号	类别	管理环节	隐患编号	隐患内容
12	专项工程	高边坡、深基坑	SJ-J012	断层、裂隙、破碎带等不良地质构造的高边坡，未按设计要求及时采取支护措施或未经验收合格即进行下一梯段施工；深基坑土方开挖放坡坡度不满足其稳定性要求且未采取加固措施
13		隧洞施工	SJ-J013	遇到下列九种情况之一，未按有关规定及时进行地质预报并采取措施：①隧洞出现围岩不断掉块，洞室内灰尘突然增多，喷层表面开裂，支撑变形或连续发出声响。②围岩沿结构面或顺裂隙错位、裂缝加宽、位移速率加大。③出现片帮、岩爆或严重鼓胀变形。④出现涌水、涌水量增大、涌水突然变浑浊、涌沙。⑤干燥岩质洞段突然出现地下水流，渗水点位置突然变化，破碎带水流活动加剧，土质洞段含水量明显增大或土的形状明显软化。⑥洞温突然发生变化，洞内突然出现冷空气对流。⑦钻孔时，钻进速度突然加快且钻孔回水消失，经常发生卡钻。⑧岩石隧洞掘进机或盾构机发生卡机或掘进参数、掘进载荷、掘进速度发生急剧的异常变化。⑨突然出现刺激性气味；断层及破碎带缓倾角节理密集带岩溶发育地下水丰富及膨胀岩体地段和高地应力区等不良地质条件洞段开挖未根据地质预报针对其性质和特殊的地质问题制定专项保证安全施工的工程措施；隧洞IV类、V类围岩开挖后，支护未紧跟掌子面
14		隧洞施工	SJ-J014	洞室施工过程中，未对洞内有毒有害气体进行检测、监测；有毒有害气体达到或超过规定标准时未采取有效措施
15		设备安装	SJ-J015	蜗壳、机坑里衬安装时，搭设的施工平台（组装）未经检查验收即投入使用；在机坑中进行电焊、气割作业（如水机室、定子组装、上下机架组装）时，未设置隔离防护平台或铺设防火布，现场未配备消防器材
16		水上作业	SJ-J016	未按规定设置必要的安全作业区或警戒区；水上作业施工船舶施工安全工作条件不符合船舶使用说明书和设备状况，未停止施工；挖泥船的实际工作条件大于SL 17—2014 表5.7.9 中所列数值，未停止施工

续表

序号	类别	管理环节	隐患编号	隐患内容
17	其他	防洪度汛	SJ-J017	有度汛要求的建设项目未按规定制定度汛方案和超标准洪水应急预案；工程进度不满足度汛要求时未制定和采取相应措施；位于自然地面或河水位以下的隧洞进出口未按施工期防洪标准设置围堰或预留岩坎
18		液氨制冷	SJ-J018	氨压机车间控制盘柜与氨压机未分开隔离布置；未设置、配备固定式氨气报警仪和便携式氨气检测仪；未设置应急疏散通道并明确标识
19		安全防护	SJ-J019	排架、井架、施工电梯、大坝廊道、隧洞等出入口和上部有施工作业的通道，未按规定设置防护棚
20		设备检修	SJ-J020	混凝土（水泥土、水泥稳定土）拌合机、TBM及盾构设备刀盘检维修时未切断电源或开关箱未上锁且无人监管

6.4　临时用电

6.4.1　外电线路防护

在建工程不得在外电架空线路正下方施工、搭设作业棚、建造生活设施或堆放构件、架具、材料及其他杂物等。在建工程（含脚手架）的周边与外电架空线路的边线之间的最小安全操作距离应符合表6.8规定。

表6.8　在建工程（含脚手架）的周边与架空线路的边线之间的最小安全操作距离

外电线路电压等级/kV	<1	1～10	35～110	220	330～500
最小安全操作距离/m	4.0	6.0	8.0	10	15

注：上、下脚手架的斜道不宜设在有外电线路的一侧。

施工现场的机动车道与外电架空线路交叉时，架空线路的最低点与路面的最小垂直距离应符合表6.9规定。

表 6.9　施工现场的机动车道与架空线路交叉时的最小垂直距离

外电线路电压等级/kV	<1	1～10	35
最小垂直距离/m	6.0	7.0	7.0

起重机严禁越过无防护设施的外电架空线路作业。在外电架空线路附近吊装时，起重机的任何部位或被吊物边缘在最大偏斜时与架空线路边线的最小安全距离应符合表 6.10 规定。

表 6.10　起重机与架空线路边线的最小安全距离

安全距离/m	电压/kV						
	<1	10	35	110	220	330	500
沿垂直方向/m	1.5	3.0	4.0	5.0	6.0	7.0	8.5
沿水平方向/m	1.5	2.0	3.5	4.0	6.0	7.0	8.5

施工现场开挖沟槽边缘与外电埋地电缆沟槽边缘之间的距离不得小于 0.5 m。当达不到以上表格中的规定时，必须采取绝缘隔离防护措施，并应悬挂醒目的警告标志。架设防护设施时，必须经有关部门批准，采用线路暂时停电或其他可靠的安全技术措施，并应有电气工程技术人员和专职安全人员监护。防护设施与外电线路之间的安全距离不应小于表 6.11 所列数值。防护设施应坚固、稳定，且对外电线路的隔离防护应达到 IP30 级。

表 6.11　防护设施与外电线路之间的最小安全距离

外电线路电压等级/kV	≤10	35	110	220	330	500
最小安全距离/m	1.7	2.0	2.5	4.0	5.0	6.0

当上述规定的防护措施无法实现时，必须与有关部门协商，采取停电、迁移外电线路或改变工程位置等措施，未采取上述措施的严禁施工。在外电架空线路附近开挖沟槽时，必须会同有关部门采取加固措施，防止外电架空线路电杆倾斜、悬倒。

6.4.2　接地

在施工现场专用变压器的供电的 TN—S 接零保护系统中，电气设备的金属外壳必须与保护零线连接。保护零线应由工作接地线、配电室(总配电箱)电源侧零线或总漏电保护器电源侧零线处引出。

当施工现场与外电线路共用同一供电系统时,电气设备的接地、接零保护应与原系统保持一致。不得一部分设备做保护接零,另一部分设备做保护接地。

采用 TN 系统做保护接零时,工作零线(N 线)必须通过总漏电保护器,保护零线(PE 线)必须由电源进线零线重复接地处或总漏电保护器电源侧零线处,引出形成局部 TN-S 接零保护系统。

单台容量超过 100 kVA 或使用同一接地装置并联运行且总容量超过 100 kVA 的电力变压器或发电机的工作接地电阻值不得大于 4 Ω。单台容量不超过 100 kVA 或使用同一接地装置并联运行且总容量不超过 100 kVA 的电力变压器或发电机的工作接地电阻值不得大于 10 Ω。在土壤电阻率大于 1000 Ω·m 的地区,当达到上述接地电阻值有困难时,工作接地电阻值可提高到 30 Ω。

TN 系统中的保护零线除必须在配电室或总配电箱处做重复接地外,还必须在配电系统的中间处和末端处做重复接地。在 TN 系统中,保护零线每一处重复接地装置的接地电阻值不应大于 10 Ω。在工作接地电阻值允许达到 10 Ω 的电力系统中,所有重复接地的等效电阻值不应大于 10 Ω。在 TN 系统中,严禁将单独敷设的工作零线再做重复接地。

每一接地装置的接地线应采用 2 根及以上导体,在不同点与接地体做电气连接。不得采用铝导体做接地体或地下接地线。垂直接地体宜采用角钢、钢管或光面圆钢,不得采用螺纹钢。接地可利用自然接地体,但应保证其电气连接和热稳定。

6.4.3　防雷

机械设备或设施的防雷引下线可利用该设备或设施的金属结构体,但应保证电气连接。

机械设备上的避雷针(接闪器)长度应为 1～2.0 m。塔式起重机可不另设避雷针(接闪器)。安装避雷针(接闪器)的机械设备,所有固定的动力、控制、照明、信号及通信线路,宜采用钢管敷设。钢管与该机械设备的金属结构体应做电气连接。

施工现场内所有防雷装置的冲击接地电阻值不得大于 30 Ω。

做防雷接地机械上的电气设备，所连接的 PE 线必须同时做重复接地，同一台机械电气设备的重复接地和机械的防雷接地可共用同一接地体，但接地电阻应符合重复接地电阻值的要求。

施工用各种动力机械的电气设备必须设有可靠接地装置，接地电阻应不大于 4 Ω。施工区域的用电设备外壳应涂有明显的色标。在安装使用中，外壳应接地，接地电阻不大于 10 Ω。

6.4.4 配电线路

架空线路与邻近线路或固定物的距离应符合表 6.12 的规定。

表 6.12 架空线路与邻近线路或固定物的距离

项目	距离类别					
最小净空距离/m	架空线路的过引线、接下线与邻线		架空线与架空线电杆外缘		架空线与摆动最大时树梢	
	0.13		0.05		0.50	
最小垂直距离/m	架空线同杆架设下方的通信、广播线路	架空线最大弧垂与地面		架空线最大弧垂与暂设工程顶端	架空线与邻近电力线路交叉	
		施工现场	机动车道	铁路轨道		1 kV 以下	1~10 kV
	1.0	4.0	6.0	7.5	2.5	1.2	2.5
最小水平距离/m	架空线电杆与路基边缘		架空线电杆与铁路轨道边缘		架空线边线与建筑物凸出部分	
	1.0		杆高(m)+3.0		1.0	

电缆中必须包含全部工作芯线和用作保护零线或保护线的芯线。需要三相四线制配电的电缆线路必须采用五芯电缆。五芯电缆必须包含淡蓝、绿/黄两种颜色绝缘芯线。淡蓝色芯线必须用作 N 线；绿/黄双色芯线必须用作 PE 线，严禁混用。

电缆线路应采用埋地或架空敷设，严禁沿地面明设，并应避免机械损伤和介质腐蚀。埋地电缆路径应设方位标志。电缆直接埋地敷设的深度不应小于 0.7 m，并应在电缆紧邻上、下、左、右侧均匀敷设不小于 50 mm 厚的细砂，然后覆盖砖或混凝土板等硬质保护层。埋地电缆在穿越建筑物、构筑物、道路、易受机械损伤、介质腐蚀场所及引出地面从 2.0 m 高到地下 0.2 m 处,必须加设防护套管,防护套管内径不应小于电缆外径的 1.5 倍。埋地电缆与其附近外电电缆和管沟的平行间距不得小于 2.0 m,交叉间距不得小于 1.0 m。埋地电缆的接头应设在地面上的接线盒内,接线盒应能防水、防尘、防机械损伤,并应远离易燃、易爆、易腐蚀场所。

6.4.5　配电箱及开关箱

配电系统应设置配电柜或总配电箱、分配电箱、开关箱,实行三级配电。总配电箱应设在接近电源的区域,分配电箱应设在用电设备或负荷相对集中的区域,分配电箱与开关箱的距离不得超过 30 m,开关箱与其控制的固定式用电设备的水平距离不宜超过 3.0 m。

每台用电设备必须有各自专用的开关箱,严禁用同一个开关箱直接控制两台及两台以上用电设备(含插座)。动力配电箱与照明配电箱宜分别设置。当合并设置为同一配电箱时,动力和照明应分路配电;动力开关箱与照明开关箱必须分设。

高压设备屏护高度不应低于 1.7 m,下部边缘离地高度不应大于 0.1 m。低压设备室外屏护高度不应低于 1.5 m,室内屏护高度不应低于 1.2 m,屏护下部边缘离地高度不应大于 0.2 m。遮栏网孔不应大于 40 mm×40 mm,栅栏条间距不应大于 0.2 m。

配电箱、开关箱应采用冷轧钢板或阻燃绝缘材料制作,钢板厚度应为 1.2～2.0 mm,其中开关箱箱体钢板厚度不得小于 1.2 mm,配电箱箱体钢板厚度不得小于 1.5 mm,箱体表面应做防腐处理。配电箱、开关箱应装设端正、牢固。固定式配电箱、开关箱的中心点与地面的垂直距离应为 1.4～1.6 m。移动式配电箱、开关箱应装设在坚固、稳定的支架上。其中心点与地面的垂直距离宜为 0.8～1.6 m。

配电箱的电器安装板上必须分设 N 线端子板和 PE 线端子板。N 线端子板必须与金属电器安装板绝缘;PE 线端子板必须与金属电器安装板做电气连接。进出线中的 N 线必须通过 N 线端子板连接;PE 线必须通过 PE 线端子板连接。

开关箱中漏电保护器的额定漏电动作电流不应大于 30 mA,额定漏电动作时间不应大于 0.1 s。使用于潮湿或有腐蚀介质场所的漏电保护器应采用防溅型产品，其额定漏电动作电流不应大于 15 mA，额定漏电动作时间不应大于 0.1 s。总配电箱中漏电保护器的额定漏电动作电流应大于 30 mA，额定漏电动作时间应大于 0.1 s，但其额定漏电动作电流与额定漏电动作时间的乘积不应大于 30 mA·s。

配电箱、开关箱的电源进线端严禁采用插头和插座做活动连接。

对配电箱、开关箱进行定期维修、检查时，必须将其前一级相应的电源隔离开关分闸断电，并悬挂"禁止合闸、有人工作"停电标志牌，严禁带电作业。

6.5　临边防护

高处作业面（如坝顶、屋顶、原料平台、工作平台等）的临空边沿，必须设置安全防护栏杆及挡脚板。

施工现场安全防护栏杆应符合以下规定：

（1）材料应符合下列要求：①钢管横杆及立柱宜采用 $\geq \varnothing 48.3$ mm×3.6 mm 的钢管，以扣件或焊接固定。②钢筋横杆直径不应小于 16 mm，栏杆柱直径不应小于 20 mm，宜采用焊接连接。③原木横杆梢径不应小于 7.0 cm，栏杆柱梢径不应小于 7.5 cm，用不小于 12 号镀锌铁丝绑扎固定。④毛竹横杆小头有效直径不应小于 7.0 cm，栏杆柱小头直径不应小于 8.0 cm，用不小于 12 号镀锌铁丝绑扎，至少 3 圈，不得有脱滑现象。

（2）防护栏杆应由上、中、下三道横杆及栏杆柱组成，上杆离地高度不低于 1.2 m，栏杆底部应设置不低于 0.2 m 的挡脚板，下杆离地高度为 0.3 m。坡度大于 25°时，防护栏应加高至 1.5 m，特殊部位必须用网栅封闭。

（3）长度小于 10 m 的防护栏杆，两端应设有斜杆。长度大于 10 m 的防护栏杆，每 10 m 段至少应设置一对斜杆。斜杆材料尺寸与横杆相同，并与立柱、横杆焊接或绑扎牢固。

（4）栏杆立柱间距不宜大于 2.0 m。若栏杆长度大于 2.0 m，必须加设立柱。

（5）栏杆立柱的固定应符合下列要求：①在泥石地面固定时，宜打入地面 0.5～0.7 m，离坡坎边口的距离应不小于 0.5 m。②在坚固的混凝土面等固定时，可用预埋件与钢管或钢筋栏杆柱焊接；采用竹、木栏杆固定时，应在预埋件上焊接 0.3 m 长∟50×50 角钢或直径不小于 20 mm 的钢筋,用螺栓连接或用不小于 12 号的镀锌铁丝绑扎两道以上固定。③在操作平台、通道、栈桥等处固定时,应与平台、通道杆件焊接或绑扎牢固。

(6)防护栏杆整体构造应使栏杆任何处能经受任何方向的 1 kN 的外力时不得发生明显变形或断裂。在有可能发生人群拥挤、车辆冲击或物件碰撞的处所,栏杆应专门设计。

电梯井、闸门井、门槽、电缆竖井等的井口应设有临时防护盖板或设置围栏,在门槽、闸门井、电梯井等井道口(内)安装作业,应根据作业面情况,在其下方井道内设置可靠的水平安全网作隔离防护层。

6.6　脚手架工程

脚手架作业面高度超过 3.0 m 时,临边必须挂设水平安全网,还应在脚手架外侧挂密目式安全立网封闭。脚手架的水平安全网必须随建筑物升高而升高,安全网距离工作面的最大高度不得超过 3.0 m。

钢管脚手架应符合以下规定:

(1)脚手架应根据施工荷载经设计计算确定,其中常规承载力不得小于 2.7 kPa。高度超过 25 m 和特殊部位使用的脚手架,必须专门设计,履行相关审批手续并进行技术交底后方可组织实施。应建立排架验收、使用和拆除等专项管理制度。

(2)脚手架的钢管外径宜为 48.3 mm,厚度 3.6 mm,钢管扣件式脚手架的扣件应使用可锻铸铁和铸钢制造的扣件,其紧固力矩为 45～60 N·m,搭接长度应≥1.0 m,不少于两只扣件。钢管及扣件应有出厂合格证,不得有裂纹、气孔、砂眼、变形滑丝;钢管无锈蚀脱层、裂纹与严重凹陷。

(3)脚手架应夯实基础,立杆下部加设垫板。在楼面或其他建筑物上搭设脚手架时,必须验算承重部位的结构强度。

(4)脚手架的搭设要求为:立杆间距不大于 2.0 m,大横杆间距不大于 1.2 m,小横杆间距不大于 1.5 m,底脚扫地杆、水平横杆离地面距离不大于 30 cm。

(5)脚手架各接点应连接可靠,拧紧,各杆件连接处互相伸出的端头长度应大于 10 cm,以防杆件滑脱。脚手架相邻立杆和上下相邻平杆的接头应相互错开,应置于不同的框架格内。

（6）脚手架外侧及 2～3 道横杆应设剪刀撑,排架基础以上 12 m 范围内每排横杆均应设置剪刀撑。剪刀撑的斜杆与水平面的交角宜在 45°～60°,水平投影宽度不小于 2 跨或 4.0 m 和不大于 4 跨或 8.0 m。

（7）脚手架与边坡相连处设置连墙杆,采用钢管横杆与预埋锚筋相连,每 18 m² 宜设一个点,连墙杆竖向间距应不大于 4.0 m。锚筋深度、结构尺寸及连接方式应经计算确定。

（8）扣件式钢管排架的搭接杆接头长度,应不小于 1.0 m。钢管立杆、大横杆的接头应错开,搭接长度不小于 50 cm,承插式的管接头不得小于 8.0 cm,水平承插或接头应穿销,并用扣件连接,拧紧螺栓。

（9）脚手架的两端、转角处以及每隔 6～7 根立杆,应设剪刀撑和支杆,剪刀撑和支杆与地面的角度应不大于 60°,支杆的底端应埋入地下不小于 30 cm。架子高度在 7.0 m 以上或无法设支杆时,竖向每隔 4.0 m,水平每隔 7.0 m,应使脚手架牢固地连接在建筑物上。

（10）走道脚手架应铺牢固,临空面应有防护栏杆,并钉有挡脚板。斜坡板、跳板的坡度不应大于 1∶3,宽度不应小于 1.5 m,防滑条的间距不应大于 0.3 m。

（11）平台脚手板铺设应平稳、满铺,绑牢或钉牢;与墙面距离不应大于 20 cm,不应有空隙和探头板;脚手板搭接长度不得小于 20 cm,对头搭接时,应架设双排小横杆,其间距不大于 20 cm,不应在跨度间搭接;脚手架的拐弯处,脚手板应交叉搭接。

6.7 模板工程

木模板加工厂（车间）应采取相应安全防火措施,并符合以下要求:（1）车间厂房与原材料储堆之间应留不小于 10 m 的安全距离。（2）储堆之间应设有路宽不小于 3.5 m 的消防车道,进出口畅通。（3）车间内设备与设备之间、设备与墙壁等障碍物之间的距离不得小于 2.0 m。（4）设有水源可靠的消防栓,车间内配有适量的灭火器。（5）场区入口、加工车间及重要部位应设有醒目的"严禁烟火"的警告标志。（6）加工厂内配置不少于两台泡沫灭火器,0.5 m³ 沙池,10 m³ 水池和消防桶。消防器材不应挪作他用。（7）木材烘干炉池建在指定位置,远离火源,并安排专人值班、监督。

木材加工机械安装运行应符合以下规定:(1)每台设备均装有事故紧急停机单独开关,开关与设备的距离应不大于 5.0 m,并设有明显的标志。(2)刨车的两端应设有高度不低于 0.5 m,宽度不少于轨道宽 2 倍的木质防护栏杆。(3)应配备有锯片防护罩、排屑罩、皮带防护罩等安全防护装置,锯片防护罩底部与工件的间距不应大于 20 mm,在机床停止工作时防护罩应全部遮盖住锯片。(4)锯片后离齿 10~15 mm 处安装齿形楔刀。(5)电刨子的防护罩不得小于刨刀宽度。(6)应配备足够供作业人员使用的防尘口罩和降噪耳塞。

大型模板加工与安装应符合以下规定:(1)大型模板应设有专用吊耳。应设宽度不小于 0.4 m 的操作平台或走道,其临空边缘设有钢防护栏杆。(2)高处作业安装模板时,模板的临空面下方应悬挂水平宽度不小于 2.0 m 的安全网,配有足够安全带、安全绳。

模板拆除的安全防护应符合下列规定:(1)拆除高度在 5 m 以上的模板时,宜搭设脚手架,并设操作平台,不得上下在同一垂直面操作。(2)拆除模板应用长撬棒,拆除拼装模板时,操作人员不应站在正在拆除的模板上。(3)拆模时必须设置警戒区域,并派人监护。(4)拆模操作人员应采取佩戴安全带、保险绳等双保险措施。安全带、保险绳不得系挂在正在拆除的模板上。

6.8　特种设备

6.8.1　塔式起重机

塔式起重机安装、拆卸单位必须具有从事塔式起重机安装、拆卸业务的资质。

塔式起重机安装、拆卸作业应配备下列人员:(1)持有安全生产考核合格证书的项目负责人和安全负责人、机械管理人员。(2)具有建筑施工特种作业操作资格证书的建筑起重机械安装拆卸工、起重司机、起重信号工、司索工等特种作业操作人员。

塔式起重机应具有特种设备制造许可证、产品合格证、制造监督检验证明,并已在县级以上地方建设主管部门备案登记。

塔机启用前应检查下列项目:(1)塔式起重机的备案登记证明等文件。

（2）建筑施工特种作业人员的操作资格证书。（3）专项施工方案。（4）辅助起重机械的合格证及操作人员资格证书。

塔式起重机安装、拆卸前,应编制专项施工方案,指导作业人员实施安装、拆卸作业。专项施工方案应根据塔式起重机使用说明书和作业场地的实际情况编制,并应符合国家现行相关标准的规定。专项施工方案应由本单位技术、安全、设备等部门审核、技术负责人审批后,经监理单位批准实施。

塔式起重机安装前应对基础进行验收,基础验收单位应包括施工（总）承包单位、基础施工单位、塔式起重机安装单位、监理单位等。

塔式起重机与架空输电线的安全距离是指塔式起重机的任何部位与输电线的距离（见表6.13）。

表 6.13　塔式起重机与架空输电线的安全距离

安全距离	电压/kV				
	<1	1～15	20～40	60～110	>220
沿垂直方向/m	1.5	3.0	4.0	5.0	6.0
沿水平方向/m	1.0	1.5	2.0	4.0	6.0

塔式起重机安装完成后,应进行的验收程序为:（1）安装单位应对安装质量进行自检,填写自检报告书。（2）委托有相应资质的检验检测机构进行检测。检验检测机构应出具检测报告书。（3）资料审核,施工单位对上述资料原件进行审核,审核通过后,留存加盖单位公章的复印件,并报监理单位审核,监理单位审核完成后,施工单位组织设备验收。（4）组织验收,施工单位组织设备供应方、安装、使用、监理等单位进行验收,填写验收表,合格后方可使用,实行施工总承包的,由总承包单位组织验收。

塔式起重机安装验收合格之日起30日内,施工单位应向工程所在地县级以上地方人民政府建设主管部门办理建筑起重机械使用登记。

6.8.2　气瓶

水利工程中常用的气瓶有氧气瓶、乙炔气瓶等,根据气瓶的颜色标志要求,氧气瓶为淡（酞）蓝色,乙炔气瓶为白色。

氧气瓶、乙炔气瓶的使用应遵守下列规定:

（1）气瓶应放置在通风良好的场所，不应靠近热源和电气设备，与其他易燃易爆物品或火源的距离一般不应小于 10 m（高处作业时是与垂直地面处的平行距离）。使用过程中，乙炔气瓶应放置在通风良好的场所，与氧气瓶的距离不应少于 5.0 m。

（2）露天使用氧气、乙炔气时，冬季应防止冻结，夏季应防止阳光直接曝晒。氧气瓶、乙炔气瓶阀冬季冻结时，可用热水或水蒸气加热解冻，严禁用火焰烘烤和用钢材一类器具猛击，更不应猛拧减压表的调节螺丝，以防氧气、乙炔气大量冲出而造成事故。

（3）氧气瓶严禁沾染油脂，检查气瓶口是否有漏气时可用肥皂水涂在瓶口上试验，严禁用烟头或明火试验。

（4）氧气瓶、乙炔气瓶如果漏气应立即搬到室外，并远离火源。搬动时手不可接触气瓶嘴。

（5）开氧气、乙炔气阀时，工作人员应站在阀门连接的侧面，并缓慢开放，不应面对减压表，以防发生意外事故。使用完毕后应立即将瓶嘴的保护罩旋紧。

（6）氧气瓶中的氧气不允许全部用完，至少应留有 0.1～0.2 MPa 的剩余压力，乙炔气瓶内气体也不应用尽，应保持 0.05 MPa 的余压。

（7）乙炔气瓶在使用、运输和储存时，环境温度不宜超过 40 ℃；超过时应采取有效的降温措施。

（8）乙炔气瓶应保持直立放置，使用时要注意固定，并应有防止倾倒的措施，严禁卧放使用。卧放的气瓶竖起来后需待 20 min 后方可输气。

（9）工作地点不固定且移动较频繁时，应装在专用小车上；同时使用乙炔气瓶和氧气瓶时，应保持一定安全距离。

（10）严禁铜、银、汞等及其制品与乙炔产生接触，不得不使用铜合金器具时含铜量应低于 70%。

（11）氧气瓶、乙炔气瓶在使用过程中应按照相关规定，定期检验。过期、未检验的气瓶严禁继续使用。

使用橡胶软管时，应遵守下列规定：

（1）氧气胶管为红色，严禁将氧气管接在焊、割炬的乙炔气进口上使用。

（2）胶管长度每根不应小于 10 m，以 15～20 m 左右为宜。

（3）胶管的连接处应用卡子或铁丝扎紧，铁丝的丝头应绑牢在工具嘴头方向,以防止被气体崩脱而伤人。

（4）工作时胶管不应沾染油脂或触及高温金属和导电线。

（5）禁止将重物压在胶管上。不应将胶管横跨铁路或公路,如需跨越应有安全保护措施。胶管内有积水时,在未吹尽之前不应使用。

（6）胶管如有鼓包、裂纹、漏气现象,不应采用贴补或包缠的办法处理,应切除或更新。

（7）若发现胶管接头脱落或着火时,应迅速关闭供气阀,不应用手弯折胶管等待处理。

（8）严禁将使用中的橡胶软管缠在身上,以防发生意外起火引起烧伤。

第7章 水利工程建设质量与安全违规行为法律责任(摘编)

7.1 中华人民共和国刑法

第一百三十四条 在生产、作业中违反有关安全管理的规定,因而发生重大伤亡事故或者造成其他严重后果的,处三年以下有期徒刑或者拘役;情节特别恶劣的,处三年以上七年以下有期徒刑。

强令他人违章冒险作业,或者明知存在重大事故隐患而不排除,仍冒险组织作业,因而发生重大伤亡事故或者造成其他严重后果的,处五年以下有期徒刑或者拘役;情节特别恶劣的,处五年以上有期徒刑。

第一百三十四条之一 在生产、作业中违反有关安全管理的规定,有下列情形之一,具有发生重大伤亡事故或者其他严重后果的现实危险的,处一年以下有期徒刑、拘役或者管制:

(一)关闭、破坏直接关系生产安全的监控、报警、防护、救生设备、设施,或者篡改、隐瞒、销毁其相关数据、信息的;

(二)因存在重大事故隐患被依法责令停产停业、停止施工、停止使用有关设备、设施、场所或者立即采取排除危险的整改措施,而拒不执行的;

(三)涉及安全生产的事项未经依法批准或者许可,擅自从事矿山开采、金属冶炼、建筑施工,以及危险物品生产、经营、储存等高度危险的生产作业活动的。

第一百三十五条 安全生产设施或者安全生产条件不符合国家规定,因而发生重大伤亡事故或者造成其他严重后果的,对直接负责的主管人员和其他直接责任人员,处三年以下有期徒刑或者拘役;情节特别恶劣的,处三年以上七年以下有期徒刑。

第一百三十七条 建设单位、设计单位、施工单位、工程监理单位违反国家规定,降低工程质量标准,造成重大安全事故的,对直接责任人员,处五年以下有期徒刑或者拘役,并处罚金;后果特别严重的,处五年以上十年以下有期徒刑,并处罚金。

第一百三十九条之一 在安全事故发生后,负有报告职责的人员不报或者谎报事故情况,贻误事故抢救,情节严重的,处三年以下有期徒刑或者拘役;情节特别严重的,处三年以上七年以下有期徒刑。

7.2 关于办理危害生产安全刑事案件适用法律若干问题的解释

第一条 刑法第一百三十四条第一款规定的犯罪主体,包括对生产、作业负有组织、指挥或者管理职责的负责人、管理人员、实际控制人、投资人等人员,以及直接从事生产、作业的人员。

第二条 刑法第一百三十四条第二款规定的犯罪主体,包括对生产、作业负有组织、指挥或者管理职责的负责人、管理人员、实际控制人、投资人等人员。

第三条 刑法第一百三十五条规定的"直接负责的主管人员和其他直接责任人员",是指对安全生产设施或者安全生产条件不符合国家规定负有直接责任的生产经营单位负责人、管理人员、实际控制人、投资人,以及其他对安全生产设施或者安全生产条件负有管理、维护职责的人员。

第四条 刑法第一百三十九条之一规定的"负有报告职责的人员",是指负有组织、指挥或者管理职责的负责人、管理人员、实际控制人、投资人,以及其他负有报告职责的人员。

第五条 明知存在事故隐患、继续作业存在危险,仍然违反有关安全管理的规定,实施下列行为之一的,应当认定为刑法第一百三十四条第二款规定的"强令他人违章冒险作业":

（一）利用组织、指挥、管理职权,强制他人违章作业的;

（二）采取威逼、胁迫、恐吓等手段,强制他人违章作业的;

（三）故意掩盖事故隐患,组织他人违章作业的;

(四)其他强令他人违章作业的行为。

第六条　实施刑法第一百三十二条、第一百三十四条第一款、第一百三十五条、第一百三十五条之一、第一百三十六条、第一百三十九条规定的行为,因而发生安全事故,具有下列情形之一的,应当认定为"造成严重后果"或者"发生重大伤亡事故或者造成其他严重后果",对相关责任人员,处三年以下有期徒刑或者拘役:

(一)造成死亡一人以上,或者重伤三人以上的;

(二)造成直接经济损失一百万元以上的;

(三)其他造成严重后果或者重大安全事故的情形。

实施刑法第一百三十四条第二款规定的行为,因而发生安全事故,具有本条第一款规定情形的,应当认定为"发生重大伤亡事故或者造成其他严重后果",对相关责任人员,处五年以下有期徒刑或者拘役。

实施刑法第一百三十七条规定的行为,因而发生安全事故,具有本条第一款规定情形的,应当认定为"造成重大安全事故",对直接责任人员,处五年以下有期徒刑或者拘役,并处罚金。

实施刑法第一百三十八条规定的行为,因而发生安全事故,具有本条第一款第一项规定情形的,应当认定为"发生重大伤亡事故",对直接责任人员,处三年以下有期徒刑或者拘役。

第七条　实施刑法第一百三十二条、第一百三十四条第一款、第一百三十五条、第一百三十五条之一、第一百三十六条、第一百三十九条规定的行为,因而发生安全事故,具有下列情形之一的,对相关责任人员,处三年以上七年以下有期徒刑:

(一)造成死亡三人以上或者重伤十人以上,负事故主要责任的;

(二)造成直接经济损失五百万元以上,负事故主要责任的;

(三)其他造成特别严重后果、情节特别恶劣或者后果特别严重的情形。

实施刑法第一百三十四条第二款规定的行为,因而发生安全事故,具有本条第一款规定情形的,对相关责任人员,处五年以上有期徒刑。

实施刑法第一百三十七条规定的行为,因而发生安全事故,具有本条第一款规定情形的,对直接责任人员,处五年以上十年以下有期徒刑,并处罚金。

实施刑法第一百三十八条规定的行为,因而发生安全事故,具有下列情形之一的,对直接责任人员,处三年以上七年以下有期徒刑:

（一）造成死亡三人以上或者重伤十人以上，负事故主要责任的；

（二）具有本解释第六条第一款第一项规定情形，同时造成直接经济损失五百万元以上并负事故主要责任的，或者同时造成恶劣社会影响的。

第八条 在安全事故发生后，负有报告职责的人员不报或者谎报事故情况，贻误事故抢救，具有下列情形之一的，应当认定为刑法第一百三十九条之一规定的"情节严重"：

（一）导致事故后果扩大，增加死亡一人以上，或者增加重伤三人以上，或者增加直接经济损失一百万元以上的；

（二）实施下列行为之一，致使不能及时有效开展事故抢救的：

1.决定不报、迟报、谎报事故情况或者指使、串通有关人员不报、迟报、谎报事故情况的；

2.在事故抢救期间擅离职守或者逃匿的；

3.伪造、破坏事故现场，或者转移、藏匿、毁灭遇难人员尸体，或者转移、藏匿受伤人员的；

4.毁灭、伪造、隐匿与事故有关的图纸、记录、计算机数据等资料以及其他证据的；

（三）其他情节严重的情形。

具有下列情形之一的，应当认定为刑法第一百三十九条之一规定的"情节特别严重"：

（一）导致事故后果扩大，增加死亡三人以上，或者增加重伤十人以上，或者增加直接经济损失五百万元以上的；

（二）采用暴力、胁迫、命令等方式阻止他人报告事故情况，导致事故后果扩大的；

（三）其他情节特别严重的情形。

第九条 在安全事故发生后，与负有报告职责的人员串通，不报或者谎报事故情况，贻误事故抢救，情节严重的，依照刑法第一百三十九条之一的规定，以共犯论处。

第十条 在安全事故发生后，直接负责的主管人员和其他直接责任人员故意阻挠开展抢救，导致人员死亡或者重伤，或者为了逃避法律追究，对被害人进行隐藏、遗弃，致使被害人因无法得到救助而死亡或者重度残疾的，分别依照刑法第二百三十二条、第二百三十四条的规定，以故意杀人罪或者故意伤害罪定罪处罚。

第十一条　生产不符合保障人身、财产安全的国家标准、行业标准的安全设备,或者明知安全设备不符合保障人身、财产安全的国家标准、行业标准而进行销售,致使发生安全事故,造成严重后果的,依照刑法第一百四十六条的规定,以生产、销售不符合安全标准的产品罪定罪处罚。

第十二条　实施刑法第一百三十二条、第一百三十四条至第一百三十九条之一规定的犯罪行为,具有下列情形之一的,从重处罚:

(一)未依法取得安全许可证件或者安全许可证件过期、被暂扣、吊销、注销后从事生产经营活动的;

(二)关闭、破坏必要的安全监控和报警设备的;

(三)已经发现事故隐患,经有关部门或者个人提出后,仍不采取措施的;

(四)一年内曾因危害生产安全违法犯罪活动受过行政处罚或者刑事处罚的;

(五)采取弄虚作假、行贿等手段,故意逃避、阻挠负有安全监督管理职责的部门实施监督检查的;

(六)安全事故发生后转移财产意图逃避承担责任的;

(七)其他从重处罚的情形。

实施前款第五项规定的行为,同时构成刑法第三百八十九条规定的犯罪的,依照数罪并罚的规定处罚。

第十三条　实施刑法第一百三十二条、第一百三十四条至第一百三十九条之一规定的犯罪行为,在安全事故发生后积极组织、参与事故抢救,或者积极配合调查、主动赔偿损失的,可以酌情从轻处罚。

第十四条　国家工作人员违反规定投资入股生产经营,构成本解释规定的有关犯罪的,或者国家工作人员的贪污、受贿犯罪行为与安全事故发生存在关联性的,从重处罚;同时构成贪污、受贿犯罪和危害生产安全犯罪的,依照数罪并罚的规定处罚。

第十五条　国家机关工作人员在履行安全监督管理职责时滥用职权、玩忽职守,致使公共财产、国家和人民利益遭受重大损失的,或者徇私舞弊,对发现的刑事案件依法应当移交司法机关追究刑事责任而不移交,情节严重的,分别依照刑法第三百九十七条、第四百零二条的规定,以滥用职权罪、玩忽职守罪或者徇私舞弊不移交刑事案件罪定罪处罚。

公司、企业、事业单位的工作人员在依法或者受委托行使安全监督管理职责时滥用职权或者玩忽职守,构成犯罪的,应当依照《全国人民代表大会常务委员会关于〈中华人民共和国刑法〉第九章渎职罪主体适用问题的解释》的规定,适用渎职罪的规定追究刑事责任。

第十六条　对于实施危害生产安全犯罪适用缓刑的犯罪分子,可以根据犯罪情况,禁止其在缓刑考验期限内从事与安全生产相关联的特定活动;对于被判处刑罚的犯罪分子,可以根据犯罪情况和预防再犯罪的需要,禁止其自刑罚执行完毕之日或者假释之日起三年至五年内从事与安全生产相关的职业。

7.3　中华人民共和国行政处罚法

第九条　行政处罚的种类:

(一)警告、通报批评;

(二)罚款、没收违法所得、没收非法财物;

(三)暂扣许可证件、降低资质等级、吊销许可证件;

(四)限制开展生产经营活动、责令停产停业、责令关闭、限制从业;

(五)行政拘留;

(六)法律、行政法规规定的其他行政处罚。

第四十二条　行政处罚应当由具有行政执法资格的执法人员实施。执法人员不得少于两人,法律另有规定的除外。

执法人员应当文明执法,尊重和保护当事人合法权益。

第四十四条　行政机关在作出行政处罚决定之前,应当告知当事人拟作出的行政处罚内容及事实、理由、依据,并告知当事人依法享有的陈述、申辩、要求听证等权利。

第四十五条　当事人有权进行陈述和申辩。行政机关必须充分听取当事人的意见,对当事人提出的事实、理由和证据,应当进行复核;当事人提出的事实、理由或者证据成立的,行政机关应当采纳。

行政机关不得因当事人陈述、申辩而给予更重的处罚。

第五十一条　违法事实确凿并有法定依据,对公民处以二百元以下、对法人或者其他组织处以三千元以下罚款或者警告的行政处罚的,可以当场作出行政处罚决定。法律另有规定的,从其规定。

第五十二条　执法人员当场作出行政处罚决定的,应当向当事人出示执法证件,填写预定格式、编有号码的行政处罚决定书,并当场交付当事人。当事人拒绝签收的,应当在行政处罚决定书上注明。

前款规定的行政处罚决定书应当载明当事人的违法行为,行政处罚的种类和依据、罚款数额、时间、地点,申请行政复议、提起行政诉讼的途径和期限以及行政机关名称,并由执法人员签名或者盖章。

执法人员当场作出的行政处罚决定,应当报所属行政机关备案。

第五十四条　除本法第五十一条规定的可以当场作出的行政处罚外,行政机关发现公民、法人或者其他组织有依法应当给予行政处罚的行为的,必须全面、客观、公正地调查,收集有关证据;必要时,依照法律、法规的规定,可以进行检查。

符合立案标准的,行政机关应当及时立案。

第五十五条　执法人员在调查或者进行检查时,应当主动向当事人或者有关人员出示执法证件。当事人或者有关人员有权要求执法人员出示执法证件。执法人员不出示执法证件的,当事人或者有关人员有权拒绝接受调查或者检查。

当事人或者有关人员应当如实回答询问,并协助调查或者检查,不得拒绝或者阻挠。询问或者检查应当制作笔录。

第五十六条　行政机关在收集证据时,可以采取抽样取证的方法;在证据可能灭失或者以后难以取得的情况下,经行政机关负责人批准,可以先行登记保存,并应当在七日内及时作出处理决定,在此期间,当事人或者有关人员不得销毁或者转移证据。

第五十七条　调查终结,行政机关负责人应当对调查结果进行审查,根据不同情况,分别作出如下决定:

(一)确有应受行政处罚的违法行为的,根据情节轻重及具体情况,作出行政处罚决定;

(二)违法行为轻微,依法可以不予行政处罚的,不予行政处罚;

(三)违法事实不能成立的,不予行政处罚;

(四)违法行为涉嫌犯罪的,移送司法机关。

对情节复杂或者重大违法行为给予行政处罚,行政机关负责人应当集体讨论决定。

第五十八条　有下列情形之一，在行政机关负责人作出行政处罚的决定之前，应当由从事行政处罚决定法制审核的人员进行法制审核；未经法制审核或者审核未通过的，不得作出决定：

（一）涉及重大公共利益的；

（二）直接关系当事人或者第三人重大权益，经过听证程序的；

（三）案件情况疑难复杂、涉及多个法律关系的；

（四）法律、法规规定应当进行法制审核的其他情形。

行政机关中初次从事行政处罚决定法制审核的人员，应当通过国家统一法律职业资格考试取得法律职业资格。

第五十九条　行政机关依照本法第五十七条的规定给予行政处罚，应当制作行政处罚决定书。行政处罚决定书应当载明下列事项：

（一）当事人的姓名或者名称、地址；

（二）违反法律、法规、规章的事实和证据；

（三）行政处罚的种类和依据；

（四）行政处罚的履行方式和期限；

（五）申请行政复议、提起行政诉讼的途径和期限；

（六）作出行政处罚决定的行政机关名称和作出决定的日期。

行政处罚决定书必须盖有作出行政处罚决定的行政机关的印章。

第六十条　行政机关应当自行政处罚案件立案之日起九十日内作出行政处罚决定。法律、法规、规章另有规定的，从其规定。

第六十一条　行政处罚决定书应当在宣告后当场交付当事人；当事人不在场的，行政机关应当在七日内依照《中华人民共和国民事诉讼法》的有关规定，将行政处罚决定书送达当事人。

当事人同意并签订确认书的，行政机关可以采用传真、电子邮件等方式，将行政处罚决定书等送达当事人。

第六十二条　行政机关及其执法人员在作出行政处罚决定之前，未依照本法第四十四条、第四十五条的规定向当事人告知拟作出的行政处罚内容及事实、理由、依据，或者拒绝听取当事人的陈述、申辩，不得作出行政处罚决定；当事人明确放弃陈述或者申辩权利的除外。

第六十三条　行政机关拟作出下列行政处罚决定，应当告知当事人有要求听证的权利，当事人要求听证的，行政机关应当组织听证：

（一）较大数额罚款；

（二）没收较大数额违法所得、没收较大价值非法财物；

（三）降低资质等级、吊销许可证件；

（四）责令停产停业、责令关闭、限制从业；

（五）其他较重的行政处罚；

（六）法律、法规、规章规定的其他情形。

当事人不承担行政机关组织听证的费用。

第六十四条　听证应当依照以下程序组织：

（一）当事人要求听证的，应当在行政机关告知后五日内提出；

（二）行政机关应当在举行听证的七日前，通知当事人及有关人员听证的时间、地点；

（三）除涉及国家秘密、商业秘密或者个人隐私依法予以保密外，听证公开举行；

（四）听证由行政机关指定的非本案调查人员主持；当事人认为主持人与本案有直接利害关系的，有权申请回避；

（五）当事人可以亲自参加听证，也可以委托一至二人代理；

（六）当事人及其代理人无正当理由拒不出席听证或者未经许可中途退出听证的，视为放弃听证权利，行政机关终止听证；

（七）举行听证时，调查人员提出当事人违法的事实、证据和行政处罚建议，当事人进行申辩和质证；

（八）听证应当制作笔录。笔录应当交当事人或者其代理人核对无误后签字或者盖章。当事人或者其代理人拒绝签字或者盖章的，由听证主持人在笔录中注明。

第六十五条　听证结束后，行政机关应当根据听证笔录，依照本法第五十七条的规定，作出决定。

7.4　中华人民共和国安全生产法

第九十条　负有安全生产监督管理职责的部门的工作人员，有下列行为之一的，给予降级或者撤职的处分；构成犯罪的，依照刑法有关规定追究刑事责任：

（一）对不符合法定安全生产条件的涉及安全生产的事项予以批准或者验收通过的；

（二）发现未依法取得批准、验收的单位擅自从事有关活动或者接到举报后不予取缔或者不依法予以处理的；

（三）对已经依法取得批准的单位不履行监督管理职责，发现其不再具备安全生产条件而不撤销原批准或者发现安全生产违法行为不予查处的；

（四）在监督检查中发现重大事故隐患，不依法及时处理的。

负有安全生产监督管理职责的部门的工作人员有前款规定以外的滥用职权、玩忽职守、徇私舞弊行为的，依法给予处分；构成犯罪的，依照刑法有关规定追究刑事责任。

第九十一条 负有安全生产监督管理职责的部门，要求被审查、验收的单位购买其指定的安全设备、器材或者其他产品的，在对安全生产事项的审查、验收中收取费用的，由其上级机关或者监察机关责令改正，责令退还收取的费用；情节严重的，对直接负责的主管人员和其他直接责任人员依法给予处分。

第九十二条 承担安全评价、认证、检测、检验职责的机构出具失实报告的，责令停业整顿，并处三万元以上十万元以下的罚款；给他人造成损害的，依法承担赔偿责任。

承担安全评价、认证、检测、检验职责的机构租借资质、挂靠、出具虚假报告的，没收违法所得；违法所得在十万元以上的，并处违法所得二倍以上五倍以下的罚款，没有违法所得或者违法所得不足十万元的，单处或者并处十万元以上二十万元以下的罚款；对其直接负责的主管人员和其他直接责任人员处五万元以上十万元以下的罚款；给他人造成损害的，与生产经营单位承担连带赔偿责任；构成犯罪的，依照刑法有关规定追究刑事责任。

对有前款违法行为的机构及其直接责任人员，吊销其相应资质和资格，五年内不得从事安全评价、认证、检测、检验等工作；情节严重的，实行终身行业和职业禁入。

第九十三条 生产经营单位的决策机构、主要负责人或者个人经营的投资人不依照本法规定保证安全生产所必需的资金投入，致使生产经营单位不具备安全生产条件的，责令限期改正，提供必需的资金；逾期未改正的，责令生产经营单位停产停业整顿。

有前款违法行为，导致发生生产安全事故的，对生产经营单位的主要负责人给予撤职处分,对个人经营的投资人处二万元以上二十万元以下的罚款;构成犯罪的,依照刑法有关规定追究刑事责任。

第九十四条　生产经营单位的主要负责人未履行本法规定的安全生产管理职责的,责令限期改正,处二万元以上五万元以下的罚款;逾期未改正的,处五万元以上十万元以下的罚款,责令生产经营单位停产停业整顿。

生产经营单位的主要负责人有前款违法行为,导致发生生产安全事故的,给予撤职处分;构成犯罪的,依照刑法有关规定追究刑事责任。

生产经营单位的主要负责人依照前款规定受刑事处罚或者撤职处分的,自刑罚执行完毕或者受处分之日起,五年内不得担任任何生产经营单位的主要负责人;对重大、特别重大生产安全事故负有责任的,终身不得担任本行业生产经营单位的主要负责人。

第九十五条　生产经营单位的主要负责人未履行本法规定的安全生产管理职责,导致发生生产安全事故的,由应急管理部门依照下列规定处以罚款:

(一)发生一般事故的,处上一年年收入百分之四十的罚款;

(二)发生较大事故的,处上一年年收入百分之六十的罚款;

(三)发生重大事故的,处上一年年收入百分之八十的罚款;

(四)发生特别重大事故的,处上一年年收入百分之一百的罚款。

第九十六条　生产经营单位的其他负责人和安全生产管理人员未履行本法规定的安全生产管理职责的,责令限期改正,处一万元以上三万元以下的罚款;导致发生生产安全事故的,暂停或者吊销其与安全生产有关的资格,并处上一年年收入百分之二十以上百分之五十以下的罚款;构成犯罪的,依照刑法有关规定追究刑事责任。

第九十七条　生产经营单位有下列行为之一的,责令限期改正,处十万元以下的罚款;逾期未改正的,责令停产停业整顿,并处十万元以上二十万元以下的罚款,对其直接负责的主管人员和其他直接责任人员处二万元以上五万元以下的罚款:

(一)未按照规定设置安全生产管理机构或者配备安全生产管理人员、注册安全工程师的;

(二)危险物品的生产、经营、储存、装卸单位以及矿山、金属冶炼、建筑施工、运输单位的主要负责人和安全生产管理人员未按照规定经考核合格的;

(三)未按照规定对从业人员、被派遣劳动者、实习学生进行安全生产教育和培训，或者未按照规定如实告知有关的安全生产事项的；

（四）未如实记录安全生产教育和培训情况的；

（五）未将事故隐患排查治理情况如实记录或者未向从业人员通报的；

（六）未按照规定制定生产安全事故应急救援预案或者未定期组织演练的；

（七）特种作业人员未按照规定经专门的安全作业培训并取得相应资格，上岗作业的。

第九十八条　生产经营单位有下列行为之一的，责令停止建设或者停产停业整顿，限期改正，并处十万元以上五十万元以下的罚款，对其直接负责的主管人员和其他直接责任人员处二万元以上五万元以下的罚款；逾期未改正的，处五十万元以上一百万元以下的罚款，对其直接负责的主管人员和其他直接责任人员处五万元以上十万元以下的罚款；构成犯罪的，依照刑法有关规定追究刑事责任：

（一）未按照规定对矿山、金属冶炼建设项目或者用于生产、储存、装卸危险物品的建设项目进行安全评价的；

（二）矿山、金属冶炼建设项目或者用于生产、储存、装卸危险物品的建设项目没有安全设施设计或者安全设施设计未按照规定报经有关部门审查同意的；

（三）矿山、金属冶炼建设项目或者用于生产、储存、装卸危险物品的建设项目的施工单位未按照批准的安全设施设计施工的；

（四）矿山、金属冶炼建设项目或者用于生产、储存、装卸危险物品的建设项目竣工投入生产或者使用前，安全设施未经验收合格的。

第九十九条　生产经营单位有下列行为之一的，责令限期改正，处五万元以下的罚款；逾期未改正的，处五万元以上二十万元以下的罚款，对其直接负责的主管人员和其他直接责任人员处一万元以上二万元以下的罚款；情节严重的，责令停产停业整顿；构成犯罪的，依照刑法有关规定追究刑事责任：

（一）未在有较大危险因素的生产经营场所和有关设施、设备上设置明显的安全警示标志的；

（二）安全设备的安装、使用、检测、改造和报废不符合国家标准或者行业标准的；

（三）未对安全设备进行经常性维护、保养和定期检测的；

（四）关闭、破坏直接关系生产安全的监控、报警、防护、救生设备、设施，或者篡改、隐瞒、销毁其相关数据、信息的；

（五）未为从业人员提供符合国家标准或者行业标准的劳动防护用品的；

（六）危险物品的容器、运输工具，以及涉及人身安全、危险性较大的海洋石油开采特种设备和矿山井下特种设备未经具有专业资质的机构检测、检验合格，取得安全使用证或者安全标志，投入使用的；

（七）使用应当淘汰的危及生产安全的工艺、设备的；

（八）餐饮等行业的生产经营单位使用燃气未安装可燃气体报警装置的。

第一百条　未经依法批准，擅自生产、经营、运输、储存、使用危险物品或者处置废弃危险物品的，依照有关危险物品安全管理的法律、行政法规的规定予以处罚；构成犯罪的，依照刑法有关规定追究刑事责任。

第一百零一条　生产经营单位有下列行为之一的，责令限期改正，处十万元以下的罚款；逾期未改正的，责令停产停业整顿，并处十万元以上二十万元以下的罚款，对其直接负责的主管人员和其他直接责任人员处二万元以上五万元以下的罚款；构成犯罪的，依照刑法有关规定追究刑事责任：

（一）生产、经营、运输、储存、使用危险物品或者处置废弃危险物品，未建立专门安全管理制度、未采取可靠的安全措施的；

（二）对重大危险源未登记建档，未进行定期检测、评估、监控，未制定应急预案，或者未告知应急措施的；

（三）进行爆破、吊装、动火、临时用电以及国务院应急管理部门会同国务院有关部门规定的其他危险作业，未安排专门人员进行现场安全管理的；

（四）未建立安全风险分级管控制度或者未按照安全风险分级采取相应管控措施的；

（五）未建立事故隐患排查治理制度，或者重大事故隐患排查治理情况未按照规定报告的。

第一百零二条　生产经营单位未采取措施消除事故隐患的，责令立即消除或者限期消除，处五万元以下的罚款；生产经营单位拒不执行的，责令停产停业整顿，对其直接负责的主管人员和其他直接责任人员处五万元以上十万元以下的罚款；构成犯罪的，依照刑法有关规定追究刑事责任。

第一百零三条　生产经营单位将生产经营项目、场所、设备发包或者出租给不具备安全生产条件或者相应资质的单位或者个人的，责令限期改正，没收违法所得；违法所得十万元以上的，并处违法所得二倍以上五倍以下的罚款；没有违法所得或者违法所得不足十万元的，单处或者并处十万元以上二十万元以下的罚款；对其直接负责的主管人员和其他直接责任人员处一万元以上二万元以下的罚款；导致发生生产安全事故给他人造成损害的，与承包方、承租方承担连带赔偿责任。

生产经营单位未与承包单位、承租单位签订专门的安全生产管理协议或者未在承包合同、租赁合同中明确各自的安全生产管理职责，或者未对承包单位、承租单位的安全生产统一协调、管理的，责令限期改正，处五万元以下的罚款，对其直接负责的主管人员和其他直接责任人员处一万元以下的罚款；逾期未改正的，责令停产停业整顿。

矿山、金属冶炼建设项目和用于生产、储存、装卸危险物品的建设项目的施工单位未按照规定对施工项目进行安全管理的，责令限期改正，处十万元以下的罚款，对其直接负责的主管人员和其他直接责任人员处二万元以下的罚款；逾期未改正的，责令停产停业整顿。以上施工单位倒卖、出租、出借、挂靠或者以其他形式非法转让施工资质的，责令停产停业整顿，吊销资质证书，没收违法所得；违法所得十万元以上的，并处违法所得二倍以上五倍以下的罚款，没有违法所得或者违法所得不足十万元的，单处或者并处十万元以上二十万元以下的罚款；对其直接负责的主管人员和其他直接责任人员处五万元以上十万元以下的罚款；构成犯罪的，依照刑法有关规定追究刑事责任。

第一百零四条 两个以上生产经营单位在同一作业区域内进行可能危及对方安全生产的生产经营活动，未签订安全生产管理协议或者未指定专职安全生产管理人员进行安全检查与协调的，责令限期改正，处五万元以下的罚款，对其直接负责的主管人员和其他直接责任人员处一万元以下的罚款；逾期未改正的，责令停产停业。

第一百零五条 生产经营单位有下列行为之一的，责令限期改正，处五万元以下的罚款，对其直接负责的主管人员和其他直接责任人员处一万元以下的罚款；逾期未改正的，责令停产停业整顿；构成犯罪的，依照刑法有关规定追究刑事责任：

（一）生产、经营、储存、使用危险物品的车间、商店、仓库与员工宿舍在同一座建筑内，或者与员工宿舍的距离不符合安全要求的；

（二）生产经营场所和员工宿舍未设有符合紧急疏散需要、标志明显、保持畅通的出口、疏散通道,或者占用、锁闭、封堵生产经营场所或者员工宿舍出口、疏散通道的。

第一百零六条　生产经营单位与从业人员订立协议,免除或者减轻其对从业人员因生产安全事故伤亡依法应承担的责任的,该协议无效;对生产经营单位的主要负责人、个人经营的投资人处二万元以上十万元以下的罚款。

第一百零七条　生产经营单位的从业人员不落实岗位安全责任,不服从管理,违反安全生产规章制度或者操作规程的,由生产经营单位给予批评教育,依照有关规章制度给予处分;构成犯罪的,依照刑法有关规定追究刑事责任。

第一百零八条　违反本法规定,生产经营单位拒绝、阻碍负有安全生产监督管理职责的部门依法实施监督检查的,责令改正;拒不改正的,处二万元以上二十万元以下的罚款;对其直接负责的主管人员和其他直接责任人员处一万元以上二万元以下的罚款;构成犯罪的,依照刑法有关规定追究刑事责任。

第一百零九条　高危行业、领域的生产经营单位未按照国家规定投保安全生产责任保险的,责令限期改正,处五万元以上十万元以下的罚款;逾期未改正的,处十万元以上二十万元以下的罚款。

第一百一十条　生产经营单位的主要负责人在本单位发生生产安全事故时,不立即组织抢救或者在事故调查处理期间擅离职守或者逃匿的,给予降级、撤职的处分,并由应急管理部门处上一年年收入百分之六十至百分之一百的罚款;对逃匿的处十五日以下拘留;构成犯罪的,依照刑法有关规定追究刑事责任。

生产经营单位的主要负责人对生产安全事故隐瞒不报、谎报或者迟报的,依照前款规定处罚。

第一百一十一条　有关地方人民政府、负有安全生产监督管理职责的部门,对生产安全事故隐瞒不报、谎报或者迟报的,对直接负责的主管人员和其他直接责任人员依法给予处分;构成犯罪的,依照刑法有关规定追究刑事责任。

第一百一十二条　生产经营单位违反本法规定,被责令改正且受到罚款处罚,拒不改正的,负有安全生产监督管理职责的部门可以自作出责令改正之日的次日起,按照原处罚数额按日连续处罚。

第一百一十三条　生产经营单位存在下列情形之一的,负有安全生产监督管理职责的部门应当提请地方人民政府予以关闭,有关部门应当依法吊销其有关证照。生产经营单位主要负责人五年内不得担任任何生产经营单位的主要负责人;情节严重的,终身不得担任本行业生产经营单位的主要负责人:

（一）存在重大事故隐患,一百八十日内三次或者一年内四次受到本法规定的行政处罚的;

（二）经停产停业整顿,仍不具备法律、行政法规和国家标准或者行业标准规定的安全生产条件的;

（三）不具备法律、行政法规和国家标准或者行业标准规定的安全生产条件,导致发生重大、特别重大生产安全事故的;

（四）拒不执行负有安全生产监督管理职责的部门作出的停产停业整顿决定的。

第一百一十四条 发生生产安全事故,对负有责任的生产经营单位除要求其依法承担相应的赔偿等责任外,由应急管理部门依照下列规定处以罚款:

（一）发生一般事故的,处三十万元以上一百万元以下的罚款;

（二）发生较大事故的,处一百万元以上二百万元以下的罚款;

（三）发生重大事故的,处二百万元以上一千万元以下的罚款;

（四）发生特别重大事故的,处一千万元以上二千万元以下的罚款。

发生生产安全事故,情节特别严重、影响特别恶劣的,应急管理部门可以按照前款罚款数额的二倍以上五倍以下对负有责任的生产经营单位处以罚款。

第一百一十五条 本法规定的行政处罚,由应急管理部门和其他负有安全生产监督管理职责的部门按照职责分工决定;其中,根据本法第九十五条、第一百一十条、第一百一十四条的规定应当给予民航、铁路、电力行业的生产经营单位及其主要负责人行政处罚的,也可以由主管的负有安全生产监督管理职责的部门进行处罚。予以关闭的行政处罚,由负有安全生产监督管理职责的部门报请县级以上人民政府按照国务院规定的权限决定;给予拘留的行政处罚,由公安机关依照治安管理处罚的规定决定。

第一百一十六条 生产经营单位发生生产安全事故造成人员伤亡、他人财产损失的,应当依法承担赔偿责任;拒不承担或者其负责人逃匿的,由人民法院依法强制执行。

生产安全事故的责任人未依法承担赔偿责任,经人民法院依法采取执行措施后,仍不能对受害人给予足额赔偿的,应当继续履行赔偿义务;受害人发现责任人有其他财产的,可以随时请求人民法院执行。

7.5　中华人民共和国建筑法

第六十四条　违反本法规定,未取得施工许可证或者开工报告未经批准擅自施工的,责令改正,对不符合开工条件的责令停止施工,可以处以罚款。

第六十五条　发包单位将工程发包给不具有相应资质条件的承包单位的,或者违反本法规定将建筑工程肢解发包的,责令改正,处以罚款。

超越本单位资质等级承揽工程的,责令停止违法行为,处以罚款,可以责令停业整顿,降低资质等级;情节严重的,吊销资质证书;有违法所得的,予以没收。

未取得资质证书承揽工程的,予以取缔,并处罚款;有违法所得的,予以没收。

以欺骗手段取得资质证书的,吊销资质证书,处以罚款;构成犯罪的,依法追究刑事责任。

第六十六条　建筑施工企业转让、出借资质证书或者以其他方式允许他人以本企业的名义承揽工程的,责令改正,没收违法所得,并处罚款,可以责令停业整顿,降低资质等级;情节严重的,吊销资质证书。对因该项承揽工程不符合规定的质量标准造成的损失,建筑施工企业与使用本企业名义的单位或者个人承担连带赔偿责任。

第六十七条　承包单位将承包的工程转包的,或者违反本法规定进行分包的,责令改正,没收违法所得,并处罚款,可以责令停业整顿,降低资质等级;情节严重的,吊销资质证书。

承包单位有前款规定的违法行为的,对因转包工程或者违法分包的工程不符合规定的质量标准造成的损失,与接受转包或者分包的单位承担连带赔偿责任。

第六十八条　在工程发包与承包中索贿、受贿、行贿,构成犯罪的,依法追究刑事责任;不构成犯罪的,分别处以罚款,没收贿赂的财物,对直接负责的主管人员和其他直接责任人员给予处分。

对在工程承包中行贿的承包单位,除依照前款规定处罚外,可以责令停业整顿,降低资质等级或者吊销资质证书。

第六十九条 工程监理单位与建设单位或者建筑施工企业串通,弄虚作假、降低工程质量的,责令改正,处以罚款,降低资质等级或者吊销资质证书;有违法所得的,予以没收;造成损失的,承担连带赔偿责任;构成犯罪的,依法追究刑事责任。

工程监理单位转让监理业务的,责令改正,没收违法所得,可以责令停业整顿,降低资质等级;情节严重的,吊销资质证书。

第七十条 违反本法规定,涉及建筑主体或者承重结构变动的装修工程擅自施工的,责令改正,处以罚款;造成损失的,承担赔偿责任;构成犯罪的,依法追究刑事责任。

第七十一条 建筑施工企业违反本法规定,对建筑安全事故隐患不采取措施予以消除的,责令改正,可以处以罚款;情节严重的,责令停业整顿,降低资质等级或者吊销资质证书;构成犯罪的,依法追究刑事责任。

建筑施工企业的管理人员违章指挥、强令职工冒险作业,因而发生重大伤亡事故或者造成其他严重后果的,依法追究刑事责任。

第七十二条 建设单位违反本法规定,要求建筑设计单位或者建筑施工企业违反建筑工程质量、安全标准,降低工程质量的,责令改正,可以处以罚款;构成犯罪的,依法追究刑事责任。

第七十三条 建筑设计单位不按照建筑工程质量、安全标准进行设计的,责令改正,处以罚款;造成工程质量事故的,责令停业整顿,降低资质等级或者吊销资质证书,没收违法所得,并处罚款;造成损失的,承担赔偿责任;构成犯罪的,依法追究刑事责任。

第七十四条 建筑施工企业在施工中偷工减料的,使用不合格的建筑材料、建筑构配件和设备的,或者有其他不按照工程设计图纸或者施工技术标准施工的行为的,责令改正,处以罚款;情节严重的,责令停业整顿,降低资质等级或者吊销资质证书;造成建筑工程质量不符合规定的质量标准的,负责返工、修理,并赔偿因此造成的损失;构成犯罪的,依法追究刑事责任。

第七十五条 建筑施工企业违反本法规定,不履行保修义务或者拖延履行保修义务的,责令改正,可以处以罚款,并对在保修期内因屋顶、墙面渗漏、开裂等质量缺陷造成的损失,承担赔偿责任。

第七十六条 本法规定的责令停业整顿、降低资质等级和吊销资质证书的行政处罚,由颁发资质证书的机关决定;其他行政处罚,由建设行政主管部门或者有关部门依照法律和国务院规定的职权范围决定。

依照本法规定被吊销资质证书的,由工商行政管理部门吊销其营业执照。

第七十七条　违反本法规定,对不具备相应资质等级条件的单位颁发该等级资质证书的,由其上级机关责令收回所发的资质证书,对直接负责的主管人员和其他直接责任人员给予行政处分;构成犯罪的,依法追究刑事责任。

第七十八条　政府及其所属部门的工作人员违反本法规定,限定发包单位将招标发包的工程发包给指定的承包单位的,由上级机关责令改正;构成犯罪的,依法追究刑事责任。

第七十九条　负责颁发建筑工程施工许可证的部门及其工作人员对不符合施工条件的建筑工程颁发施工许可证的,负责工程质量监督检查或者竣工验收的部门及其工作人员对不合格的建筑工程出具质量合格文件或者按合格工程验收的,由上级机关责令改正,对责任人员给予行政处分;构成犯罪的,依法追究刑事责任;造成损失的,由该部门承担相应的赔偿责任。

第八十条　在建筑物的合理使用寿命内,因建筑工程质量不合格受到损害的,有权向责任者要求赔偿。

7.6　中华人民共和国特种设备安全法

第七十八条　违反本法规定,特种设备安装、改造、修理的施工单位在施工前未书面告知负责特种设备安全监督管理的部门即行施工的,或者在验收后三十日内未将相关技术资料和文件移交特种设备使用单位的,责令限期改正;逾期未改正的,处一万元以上十万元以下罚款。

第七十九条　违反本法规定,特种设备的制造、安装、改造、重大修理以及锅炉清洗过程,未经监督检验的,责令限期改正;逾期未改正的,处五万元以上二十万元以下罚款;有违法所得的,没收违法所得;情节严重的,吊销生产许可证。

第八十三条　违反本法规定,特种设备使用单位有下列行为之一的,责令限期改正;逾期未改正的,责令停止使用有关特种设备,处一万元以上十万元以下罚款:

(一)使用特种设备未按照规定办理使用登记的;

（二）未建立特种设备安全技术档案或者安全技术档案不符合规定要求，或者未依法设置使用登记标志、定期检验标志的；

（三）未对其使用的特种设备进行经常性维护保养和定期自行检查，或者未对其使用的特种设备的安全附件、安全保护装置进行定期校验、检修，并作出记录的；

（四）未按照安全技术规范的要求及时申报并接受检验的；

（五）未按照安全技术规范的要求进行锅炉水（介）质处理的；

（六）未制定特种设备事故应急专项预案的。

第八十四条 违反本法规定，特种设备使用单位有下列行为之一的，责令停止使用有关特种设备，处三万元以上三十万元以下罚款：

（一）使用未取得许可生产，未经检验或者检验不合格的特种设备，或者国家明令淘汰、已经报废的特种设备的；

（二）特种设备出现故障或者发生异常情况，未对其进行全面检查、消除事故隐患，继续使用的；

（三）特种设备存在严重事故隐患，无改造、修理价值，或者达到安全技术规范规定的其他报废条件，未依法履行报废义务，并办理使用登记证书注销手续的。

第八十六条 违反本法规定，特种设备生产、经营、使用单位有下列情形之一的，责令限期改正；逾期未改正的，责令停止使用有关特种设备或者停产停业整顿，处一万元以上五万元以下罚款：

（一）未配备具有相应资格的特种设备安全管理人员、检测人员和作业人员的；

（二）使用未取得相应资格的人员从事特种设备安全管理、检测和作业的；

（三）未对特种设备安全管理人员、检测人员和作业人员进行安全教育和技能培训的。

第八十九条 发生特种设备事故，有下列情形之一的，对单位处五万元以上二十万元以下罚款；对主要负责人处一万元以上五万元以下罚款；主要负责人属于国家工作人员的，并依法给予处分：

（一）发生特种设备事故时，不立即组织抢救或者在事故调查处理期间擅离职守或者逃匿的；

（二）对特种设备事故迟报、谎报或者瞒报的。

第九十条　发生事故,对负有责任的单位除要求其依法承担相应的赔偿等责任外,依照下列规定处以罚款:

(一)发生一般事故,处十万元以上二十万元以下罚款;

(二)发生较大事故,处二十万元以上五十万元以下罚款;

(三)发生重大事故,处五十万元以上二百万元以下罚款。

第九十一条　对事故发生负有责任的单位的主要负责人未依法履行职责或者负有领导责任的,依照下列规定处以罚款;属于国家工作人员的,并依法给予处分:

(一)发生一般事故,处上一年年收入百分之三十的罚款;

(二)发生较大事故,处上一年年收入百分之四十的罚款;

(三)发生重大事故,处上一年年收入百分之六十的罚款。

第九十二条　违反本法规定,特种设备安全管理人员、检测人员和作业人员不履行岗位职责,违反操作规程和有关安全规章制度,造成事故的,吊销相关人员的资格。

第九十三条　违反本法规定,特种设备检验、检测机构及其检验、检测人员有下列行为之一的,责令改正,对机构处五万元以上二十万元以下罚款,对直接负责的主管人员和其他直接责任人员处五千元以上五万元以下罚款;情节严重的,吊销机构资质和有关人员的资格:

(一)未经核准或者超出核准范围、使用未取得相应资格的人员从事检验、检测的;

(二)未按照安全技术规范的要求进行检验、检测的;

(三)出具虚假的检验、检测结果和鉴定结论或者检验、检测结果和鉴定结论严重失实的;

(四)发现特种设备存在严重事故隐患,未及时告知相关单位,并立即向负责特种设备安全监督管理的部门报告的;

(五)泄露检验、检测过程中知悉的商业秘密的;

(六)从事有关特种设备的生产、经营活动的;

(七)推荐或者监制、监销特种设备的;

(八)利用检验工作故意刁难相关单位的。

违反本法规定,特种设备检验、检测机构的检验、检测人员同时在两个以上检验、检测机构中执业的,处五千元以上五万元以下罚款;情节严重的,吊销其资格。

第九十四条　违反本法规定，负责特种设备安全监督管理的部门及其工作人员有下列行为之一的，由上级机关责令改正；对直接负责的主管人员和其他直接责任人员，依法给予处分：

（一）未依照法律、行政法规规定的条件、程序实施许可的；

（二）发现未经许可擅自从事特种设备的生产、使用或者检验、检测活动不予取缔或者不依法予以处理的；

（三）发现特种设备生产单位不再具备本法规定的条件而不吊销其许可证，或者发现特种设备生产、经营、使用违法行为不予查处的；

（四）发现特种设备检验、检测机构不再具备本法规定的条件而不撤销其核准，或者对其出具虚假的检验、检测结果和鉴定结论或者检验、检测结果和鉴定结论严重失实的行为不予查处的；

（五）发现违反本法规定和安全技术规范要求的行为或者特种设备存在事故隐患，不立即处理的；

（六）发现重大违法行为或者特种设备存在严重事故隐患，未及时向上级负责特种设备安全监督管理的部门报告，或者接到报告的负责特种设备安全监督管理的部门不立即处理的；

（七）要求已经依照本法规定在其他地方取得许可的特种设备生产单位重复取得许可，或者要求对已经依照本法规定在其他地方检验合格的特种设备重复进行检验的；

（八）推荐或者监制、监销特种设备的；

（九）泄露履行职责过程中知悉的商业秘密的；

（十）接到特种设备事故报告未立即向本级人民政府报告，并按照规定上报的；

（十一）迟报、漏报、谎报或者瞒报事故的；

（十二）妨碍事故救援或者事故调查处理的；

（十三）其他滥用职权、玩忽职守、徇私舞弊的行为。

第九十五条　违反本法规定，特种设备生产、经营、使用单位或者检验、检测机构拒不接受负责特种设备安全监督管理的部门依法实施的监督检查的，责令限期改正；逾期未改正的，责令停产停业整顿，处二万元以上二十万元以下罚款。

特种设备生产、经营、使用单位擅自动用、调换、转移、损毁被查封、扣押的特种设备或者其主要部件的,责令改正,处五万元以上二十万元以下罚款;情节严重的,吊销生产许可证,注销特种设备使用登记证书。

第九十六条　违反本法规定,被依法吊销许可证的,自吊销许可证之日起三年内,负责特种设备安全监督管理的部门不予受理其新的许可申请。

第九十七条　违反本法规定,造成人身、财产损害的,依法承担民事责任。

违反本法规定,应当承担民事赔偿责任和缴纳罚款、罚金,其财产不足以同时支付时,先承担民事赔偿责任。

第九十八条　违反本法规定,构成违反治安管理行为的,依法给予治安管理处罚;构成犯罪的,依法追究刑事责任。

7.7　中华人民共和国消防法

第六十条　单位违反本法规定,有下列行为之一的,责令改正,处五千元以上五万元以下罚款:

(一)消防设施、器材或者消防安全标志的配置、设置不符合国家标准、行业标准,或者未保持完好有效的;

(二)损坏、挪用或者擅自拆除、停用消防设施、器材的;

(三)占用、堵塞、封闭疏散通道、安全出口或者有其他妨碍安全疏散行为的;

(四)埋压、圈占、遮挡消火栓或者占用防火间距的;

(五)占用、堵塞、封闭消防车通道,妨碍消防车通行的;

(六)人员密集场所在门窗上设置影响逃生和灭火救援的障碍物的;

(七)对火灾隐患经消防救援机构通知后不及时采取措施消除的。

个人有前款第二项、第三项、第四项、第五项行为之一的,处警告或者五百元以下罚款。

有本条第一款第三项、第四项、第五项、第六项行为,经责令改正拒不改正的,强制执行,所需费用由违法行为人承担。

第六十一条　生产、储存、经营易燃易爆危险品的场所与居住场所设置在同一建筑物内,或者未与居住场所保持安全距离的,责令停产停业,并处五千元以上五万元以下罚款。

生产、储存、经营其他物品的场所与居住场所设置在同一建筑物内，不符合消防技术标准的，依照前款规定处罚。

第六十三条　违反本法规定，有下列行为之一的，处警告或者五百元以下罚款；情节严重的，处五日以下拘留：

（一）违反消防安全规定进入生产、储存易燃易爆危险品场所的；

（二）违反规定使用明火作业或者在具有火灾、爆炸危险的场所吸烟、使用明火的。

第六十四条　违反本法规定，有下列行为之一，尚不构成犯罪的，处十日以上十五日以下拘留，可以并处五百元以下罚款；情节较轻的，处警告或者五百元以下罚款：

（一）指使或者强令他人违反消防安全规定，冒险作业的；

（二）过失引起火灾的；

（三）在火灾发生后阻拦报警，或者负有报告职责的人员不及时报警的；

（四）扰乱火灾现场秩序，或者拒不执行火灾现场指挥员指挥，影响灭火救援的；

（五）故意破坏或者伪造火灾现场的；

（六）擅自拆封或者使用被消防救援机构查封的场所、部位的。

第六十六条　电器产品、燃气用具的安装、使用及其线路、管路的设计、敷设、维护保养、检测不符合消防技术标准和管理规定的，责令限期改正；逾期不改正的，责令停止使用，可以并处一千元以上五千元以下罚款。

第六十八条　人员密集场所发生火灾，该场所的现场工作人员不履行组织、引导在场人员疏散的义务，情节严重，尚不构成犯罪的，处五日以上十日以下拘留。

7.8　中华人民共和国突发事件应对法

第六十三条　地方各级人民政府和县级以上各级人民政府有关部门违反本法规定，不履行法定职责的，由其上级行政机关或者监察机关责令改正；有下列情形之一的，根据情节对直接负责的主管人员和其他直接责任人员依法给予处分：

（一）未按规定采取预防措施，导致发生突发事件，或者未采取必要的防范

措施,导致发生次生、衍生事件的;

(二)迟报、谎报、瞒报、漏报有关突发事件的信息,或者通报、报送、公布虚假信息,造成后果的;

(三)未按规定及时发布突发事件警报、采取预警期的措施,导致损害发生的;

(四)未按规定及时采取措施处置突发事件或者处置不当,造成后果的;

(五)不服从上级人民政府对突发事件应急处置工作的统一领导、指挥和协调的;

(六)未及时组织开展生产自救、恢复重建等善后工作的;

(七)截留、挪用、私分或者变相私分应急救援资金、物资的;

(八)不及时归还征用的单位和个人的财产,或者对被征用财产的单位和个人不按规定给予补偿的。

第六十四条　有关单位有下列情形之一的,由所在地履行统一领导职责的人民政府责令停产停业,暂扣或者吊销许可证或者营业执照,并处五万元以上二十万元以下的罚款;构成违反治安管理行为的,由公安机关依法给予处罚:

(一)未按规定采取预防措施,导致发生严重突发事件的;

(二)未及时消除已发现的可能引发突发事件的隐患,导致发生严重突发事件的;

(三)未做好应急设备、设施日常维护、检测工作,导致发生严重突发事件或者突发事件危害扩大的;

(四)突发事件发生后,不及时组织开展应急救援工作,造成严重后果的。

前款规定的行为,其他法律、行政法规规定由人民政府有关部门依法决定处罚的,从其规定。

第六十五条　违反本法规定,编造并传播有关突发事件事态发展或者应急处置工作的虚假信息,或者明知是有关突发事件事态发展或者应急处置工作的虚假信息而进行传播的,责令改正,给予警告;造成严重后果的,依法暂停其业务活动或者吊销其执业许可证;负有直接责任的人员是国家工作人员的,还应当对其依法给予处分;构成违反治安管理行为的,由公安机关依法给予处罚。

第六十六条　单位或者个人违反本法规定,不服从所在地人民政府及其有关部门发布的决定、命令或者不配合其依法采取的措施,构成违反治安管理行为的,由公安机关依法给予处罚。

第六十七条 单位或者个人违反本法规定,导致突发事件发生或者危害扩大,给他人人身、财产造成损害的,应当依法承担民事责任。

第六十八条 违反本法规定,构成犯罪的,依法追究刑事责任。

7.9 安全生产许可证条例

第十九条 违反本条例规定,未取得安全生产许可证擅自进行生产的,责令停止生产,没收违法所得,并处 10 万元以上 50 万元以下的罚款;造成重大事故或者其他严重后果,构成犯罪的,依法追究刑事责任。

第二十条 违反本条例规定,安全生产许可证有效期满未办理延期手续,继续进行生产的,责令停止生产,限期补办延期手续,没收违法所得,并处 5 万元以上 10 万元以下的罚款;逾期仍不办理延期手续,继续进行生产的,依照本条例第十九条的规定处罚。

第二十一条 违反本条例规定,转让安全生产许可证的,没收违法所得,处 10 万元以上 50 万元以下的罚款,并吊销其安全生产许可证;构成犯罪的,依法追究刑事责任;接受转让的,依照本条例第十九条的规定处罚。

冒用安全生产许可证或者使用伪造的安全生产许可证的,依照本条例第十九条的规定处罚。

7.10 建设工程质量管理条例

第五十四条 违反本条例规定,建设单位将建设工程发包给不具有相应资质等级的勘察、设计、施工单位或者委托给不具有相应资质等级的工程监理单位的,责令改正,处 50 万元以上 100 万元以下的罚款。

第五十五条 违反本条例规定,建设单位将建设工程肢解发包的,责令改正,处工程合同价款 0.5% 以上 1% 以下的罚款;对全部或者部分使用国有资金的项目,并可以暂停项目执行或者暂停资金拨付。

第五十六条 违反本条例规定,建设单位有下列行为之一的,责令改正,处 20 万元以上 50 万元以下的罚款:

（一）迫使承包方以低于成本的价格竞标的；

（二）任意压缩合理工期的；

（三）明示或者暗示设计单位或者施工单位违反工程建设强制性标准，降低工程质量的；

（四）施工图设计文件未经审查或者审查不合格，擅自施工的；

（五）建设项目必须实行工程监理而未实行工程监理的；

（六）未按照国家规定办理工程质量监督手续的；

（七）明示或者暗示施工单位使用不合格的建筑材料、建筑构配件和设备的；

（八）未按照国家规定将竣工验收报告、有关认可文件或者准许使用文件报送备案的。

第五十七条　违反本条例规定，建设单位未取得施工许可证或者开工报告未经批准，擅自施工的，责令停止施工，限期改正，处工程合同价款 1% 以上 2% 以下的罚款。

第五十八条　违反本条例规定，建设单位有下列行为之一的，责令改正，处工程合同价款 2% 以上 4% 以下的罚款；造成损失的，依法承担赔偿责任：

（一）未组织竣工验收，擅自交付使用的；

（二）验收不合格，擅自交付使用的；

（三）对不合格的建设工程按照合格工程验收的。

第五十九条　违反本条例规定，建设工程竣工验收后，建设单位未向建设行政主管部门或者其他有关部门移交建设项目档案的，责令改正，处 1 万元以上 10 万元以下的罚款。

第六十条　违反本条例规定，勘察、设计、施工、工程监理单位超越本单位资质等级承揽工程的，责令停止违法行为，对勘察、设计单位或者工程监理单位处合同约定的勘察费、设计费或者监理酬金 1 倍以上 2 倍以下的罚款；对施工单位处工程合同价款 2% 以上 4% 以下的罚款，可以责令停业整顿，降低资质等级；情节严重的，吊销资质证书；有违法所得的，予以没收。

未取得资质证书承揽工程的，予以取缔，依照前款规定处以罚款；有违法所得的，予以没收。

以欺骗手段取得资质证书承揽工程的，吊销资质证书，依照本条第一款规定处以罚款；有违法所得的，予以没收。

第六十一条 违反本条例规定，勘察、设计、施工、工程监理单位允许其他单位或者个人以本单位名义承揽工程的，责令改正，没收违法所得，对勘察、设计单位和工程监理单位处合同约定的勘察费、设计费和监理酬金 1 倍以上 2 倍以下的罚款；对施工单位处工程合同价款 2％以上 4％以下的罚款；可以责令停业整顿，降低资质等级；情节严重的，吊销资质证书。

第六十二条 违反本条例规定，承包单位将承包的工程转包或者违法分包的，责令改正，没收违法所得，对勘察、设计单位处合同约定的勘察费、设计费 25％以上 50％以下的罚款；对施工单位处工程合同价款 0.5％以上 1％以下的罚款；可以责令停业整顿，降低资质等级；情节严重的，吊销资质证书。

工程监理单位转让工程监理业务的，责令改正，没收违法所得，处合同约定的监理酬金 25％以上 50％以下的罚款；可以责令停业整顿，降低资质等级；情节严重的，吊销资质证书。

第六十三条 违反本条例规定，有下列行为之一的，责令改正，处 10 万元以上 30 万元以下的罚款：

（一）勘察单位未按照工程建设强制性标准进行勘察的；

（二）设计单位未根据勘察成果文件进行工程设计的；

（三）设计单位指定建筑材料、建筑构配件的生产厂、供应商的；

（四）设计单位未按照工程建设强制性标准进行设计的。

有前款所列行为，造成工程质量事故的，责令停业整顿，降低资质等级；情节严重的，吊销资质证书；造成损失的，依法承担赔偿责任。

第六十四条 违反本条例规定，施工单位在施工中偷工减料的，使用不合格的建筑材料、建筑构配件和设备的，或者有不按照工程设计图纸或者施工技术标准施工的其他行为的，责令改正，处工程合同价款 2％以上 4％以下的罚款；造成建设工程质量不符合规定的质量标准的，负责返工、修理，并赔偿因此造成的损失；情节严重的，责令停业整顿，降低资质等级或者吊销资质证书。

第六十五条 违反本条例规定，施工单位未对建筑材料、建筑构配件、设备和商品混凝土进行检验，或者未对涉及结构安全的试块、试件以及有关材料取样检测的，责令改正，处 10 万元以上 20 万元以下的罚款；情节严重的，责令停业整顿，降低资质等级或者吊销资质证书；造成损失的，依法承担赔偿责任。

第六十六条 违反本条例规定，施工单位不履行保修义务或者拖延履行保修义务的，责令改正，处 10 万元以上 20 万元以下的罚款，并对在保修期内因质量缺陷造成的损失承担赔偿责任。

第六十七条　工程监理单位有下列行为之一的,责令改正,处 50 万元以上 100 万元以下的罚款,降低资质等级或者吊销资质证书;有违法所得的,予以没收;造成损失的,承担连带赔偿责任:

(一)与建设单位或者施工单位串通,弄虚作假、降低工程质量的;

(二)将不合格的建设工程、建筑材料、建筑构配件和设备按照合格签字的。

第六十八条　违反本条例规定,工程监理单位与被监理工程的施工承包单位以及建筑材料、建筑构配件和设备供应单位有隶属关系或者其他利害关系承担该项建设工程的监理业务的,责令改正,处 5 万元以上 10 万元以下的罚款,降低资质等级或者吊销资质证书;有违法所得的,予以没收。

第六十九条　违反本条例规定,涉及建筑主体或者承重结构变动的装修工程,没有设计方案擅自施工的,责令改正,处 50 万元以上 100 万元以下的罚款;房屋建筑使用者在装修过程中擅自变动房屋建筑主体和承重结构的,责令改正,处 5 万元以上 10 万元以下的罚款。

有前款所列行为,造成损失的,依法承担赔偿责任。

第七十条　发生重大工程质量事故隐瞒不报、谎报或者拖延报告期限的,对直接负责的主管人员和其他责任人员依法给予行政处分。

第七十一条　违反本条例规定,供水、供电、供气、公安消防等部门或者单位明示或者暗示建设单位或者施工单位购买其指定的生产供应单位的建筑材料、建筑构配件和设备的,责令改正。

第七十二条　违反本条例规定,注册建筑师、注册结构工程师、监理工程师等注册执业人员因过错造成质量事故的,责令停止执业 1 年;造成重大质量事故的,吊销执业资格证书,5 年以内不予注册;情节特别恶劣的,终身不予注册。

第七十三条　依照本条例规定,给予单位罚款处罚的,对单位直接负责的主管人员和其他直接责任人员处单位罚款数额 5% 以上 10% 以下的罚款。

第七十四条　建设单位、设计单位、施工单位、工程监理单位违反国家规定,降低工程质量标准,造成重大安全事故,构成犯罪的,对直接责任人员依法追究刑事责任。

第七十五条　本条例规定的责令停业整顿,降低资质等级和吊销资质证书的行政处罚,由颁发资质证书的机关决定;其他行政处罚,由建设行政主管部门或者其他有关部门依照法定职权决定。

依照本条例规定被吊销资质证书的,由工商行政管理部门吊销其营业执照。

第七十六条 国家机关工作人员在建设工程质量监督管理工作中玩忽职守、滥用职权、徇私舞弊,构成犯罪的,依法追究刑事责任;尚不构成犯罪的,依法给予行政处分。

第七十七条 建设、勘察、设计、施工、工程监理单位的工作人员因调动工作、退休等原因离开该单位后,被发现在该单位工作期间违反国家有关建设工程质量管理规定,造成重大工程质量事故的,仍应当依法追究法律责任。

7.11 建设工程安全生产管理条例

第五十三条 违反本条例的规定,县级以上人民政府建设行政主管部门或者其他有关行政管理部门的工作人员,有下列行为之一的,给予降级或者撤职的行政处分;构成犯罪的,依照刑法有关规定追究刑事责任:

(一)对不具备安全生产条件的施工单位颁发资质证书的;

(二)对没有安全施工措施的建设工程颁发施工许可证的;

(三)发现违法行为不予查处的;

(四)不依法履行监督管理职责的其他行为。

第五十四条 违反本条例的规定,建设单位未提供建设工程安全生产作业环境及安全施工措施所需费用的,责令限期改正;逾期未改正的,责令该建设工程停止施工。

建设单位未将保证安全施工的措施或者拆除工程的有关资料报送有关部门备案的,责令限期改正,给予警告。

第五十五条 违反本条例的规定,建设单位有下列行为之一的,责令限期改正,处 20 万元以上 50 万元以下的罚款;造成重大安全事故,构成犯罪的,对直接责任人员,依照刑法有关规定追究刑事责任;造成损失的,依法承担赔偿责任:

(一)对勘察、设计、施工、工程监理等单位提出不符合安全生产法律、法规和强制性标准规定的要求的;

(二)要求施工单位压缩合同约定的工期的;

(三)将拆除工程发包给不具有相应资质等级的施工单位的。

第五十六条　　违反本条例的规定,勘察单位、设计单位有下列行为之一的,责令限期改正,处 10 万元以上 30 万元以下的罚款;情节严重的,责令停业整顿,降低资质等级,直至吊销资质证书;造成重大安全事故,构成犯罪的,对直接责任人员,依照刑法有关规定追究刑事责任;造成损失的,依法承担赔偿责任:

(一)未按照法律、法规和工程建设强制性标准进行勘察、设计的;

(二)采用新结构、新材料、新工艺的建设工程和特殊结构的建设工程,设计单位未在设计中提出保障施工作业人员安全和预防生产安全事故的措施建议的。

第五十七条　　违反本条例的规定,工程监理单位有下列行为之一的,责令限期改正;逾期未改正的,责令停业整顿,并处 10 万元以上 30 万元以下的罚款;情节严重的,降低资质等级,直至吊销资质证书;造成重大安全事故,构成犯罪的,对直接责任人员,依照刑法有关规定追究刑事责任;造成损失的,依法承担赔偿责任:

(一)未对施工组织设计中的安全技术措施或者专项施工方案进行审查的;

(二)发现安全事故隐患未及时要求施工单位整改或者暂时停止施工的;

(三)施工单位拒不整改或者不停止施工,未及时向有关主管部门报告的;

(四)未依照法律、法规和工程建设强制性标准实施监理的。

第五十八条　　注册执业人员未执行法律、法规和工程建设强制性标准的,责令停止执业 3 个月以上 1 年以下;情节严重的,吊销执业资格证书,5 年内不予注册;造成重大安全事故的,终身不予注册;构成犯罪的,依照刑法有关规定追究刑事责任。

第五十九条　　违反本条例的规定,为建设工程提供机械设备和配件的单位,未按照安全施工的要求配备齐全有效的保险、限位等安全设施和装置的,责令限期改正,处合同价款 1 倍以上 3 倍以下的罚款;造成损失的,依法承担赔偿责任。

第六十条　　违反本条例的规定,出租单位出租未经安全性能检测或者检测不合格的机械设备和施工机具及配件的,责令停业整顿,并处 5 万元以上

10万元以下的罚款；造成损失的，依法承担赔偿责任。

第六十一条 违反本条例的规定，施工起重机械和整体提升脚手架、模板等自升式架设设施安装、拆卸单位有下列行为之一的，责令限期改正，处5万元以上10万元以下的罚款；情节严重的，责令停业整顿，降低资质等级，直至吊销资质证书；造成损失的，依法承担赔偿责任：

（一）未编制拆装方案、制定安全施工措施的；

（二）未由专业技术人员现场监督的；

（三）未出具自检合格证明或者出具虚假证明的；

（四）未向施工单位进行安全使用说明，办理移交手续的。

施工起重机械和整体提升脚手架、模板等自升式架设设施安装、拆卸单位有前款规定的第（一）项、第（三）项行为，经有关部门或者单位职工提出后，对事故隐患仍不采取措施，因而发生重大伤亡事故或者造成其他严重后果，构成犯罪的，对直接责任人员，依照刑法有关规定追究刑事责任。

第六十二条 违反本条例的规定，施工单位有下列行为之一的，责令限期改正；逾期未改正的，责令停业整顿，依照《中华人民共和国安全生产法》的有关规定处以罚款；造成重大安全事故，构成犯罪的，对直接责任人员，依照刑法有关规定追究刑事责任：

（一）未设立安全生产管理机构、配备专职安全生产管理人员或者分部分项工程施工时无专职安全生产管理人员现场监督的；

（二）施工单位的主要负责人、项目负责人、专职安全生产管理人员、作业人员或者特种作业人员，未经安全教育培训或者经考核不合格即从事相关工作的；

（三）未在施工现场的危险部位设置明显的安全警示标志，或者未按照国家有关规定在施工现场设置消防通道、消防水源、配备消防设施和灭火器材的；

（四）未向作业人员提供安全防护用具和安全防护服装的；

（五）未按照规定在施工起重机械和整体提升脚手架、模板等自升式架设设施验收合格后登记的；

（六）使用国家明令淘汰、禁止使用的危及施工安全的工艺、设备、材料的。

第六十三条 违反本条例的规定，施工单位挪用列入建设工程概算的安全生产作业环境及安全施工措施所需费用的，责令限期改正，处挪用费用20％

以上 50％以下的罚款;造成损失的,依法承担赔偿责任。

　　第六十四条　违反本条例的规定,施工单位有下列行为之一的,责令限期改正;逾期未改正的,责令停业整顿,并处 5 万元以上 10 万元以下的罚款;造成重大安全事故,构成犯罪的,对直接责任人员,依照刑法有关规定追究刑事责任:

　　(一)施工前未对有关安全施工的技术要求作出详细说明的;

　　(二)未根据不同施工阶段和周围环境及季节、气候的变化,在施工现场采取相应的安全施工措施,或者在城市市区内的建设工程的施工现场未实行封闭围挡的;

　　(三)在尚未竣工的建筑物内设置员工集体宿舍的;

　　(四)施工现场临时搭建的建筑物不符合安全使用要求的;

　　(五)未对因建设工程施工可能造成损害的毗邻建筑物、构筑物和地下管线等采取专项防护措施的。

　　施工单位有前款规定第(四)项、第(五)项行为,造成损失的,依法承担赔偿责任。

　　第六十五条　违反本条例的规定,施工单位有下列行为之一的,责令限期改正;逾期未改正的,责令停业整顿,并处 10 万元以上 30 万元以下的罚款;情节严重的,降低资质等级,直至吊销资质证书;造成重大安全事故,构成犯罪的,对直接责任人员,依照刑法有关规定追究刑事责任;造成损失的,依法承担赔偿责任:

　　(一)安全防护用具、机械设备、施工机具及配件在进入施工现场前未经查验或者查验不合格即投入使用的;

　　(二)使用未经验收或者验收不合格的施工起重机械和整体提升脚手架、模板等自升式架设设施的;

　　(三)委托不具有相应资质的单位承担施工现场安装、拆卸施工起重机械和整体提升脚手架、模板等自升式架设设施的;

　　(四)在施工组织设计中未编制安全技术措施、施工现场临时用电方案或者专项施工方案的。

　　第六十六条　违反本条例的规定,施工单位的主要负责人、项目负责人未履行安全生产管理职责的,责令限期改正;逾期未改正的,责令施工单位停业整顿;造成重大安全事故、重大伤亡事故或者其他严重后果,构成犯罪的,依照刑法有关规定追究刑事责任。

作业人员不服管理、违反规章制度和操作规程冒险作业造成重大伤亡事故或者其他严重后果，构成犯罪的，依照刑法有关规定追究刑事责任。

施工单位的主要负责人、项目负责人有前款违法行为，尚不够刑事处罚的，处 2 万元以上 20 万元以下的罚款或者按照管理权限给予撤职处分；自刑罚执行完毕或者受处分之日起，5 年内不得担任任何施工单位的主要负责人、项目负责人。

第六十七条　施工单位取得资质证书后，降低安全生产条件的，责令限期改正；经整改仍未达到与其资质等级相适应的安全生产条件的，责令停业整顿，降低其资质等级直至吊销资质证书。

第六十八条　本条例规定的行政处罚，由建设行政主管部门或者其他有关部门依照法定职权决定。

违反消防安全管理规定的行为，由公安消防机构依法处罚。

有关法律、行政法规对建设工程安全生产违法行为的行政处罚决定机关另有规定的，从其规定。

7.12　建设工程勘察设计管理条例

第八条　建设工程勘察、设计单位应当在其资质等级许可的范围内承揽建设工程勘察、设计业务。

禁止建设工程勘察、设计单位超越其资质等级许可的范围或者以其他建设工程勘察、设计单位的名义承揽建设工程勘察、设计业务。禁止建设工程勘察、设计单位允许其他单位或者个人以本单位的名义承揽建设工程勘察、设计业务。

第三十五条　违反本条例第八条规定的，责令停止违法行为，处合同约定的勘察费、设计费 1 倍以上 2 倍以下的罚款，有违法所得的，予以没收；可以责令停业整顿，降低资质等级；情节严重的，吊销资质证书。

未取得资质证书承揽工程的，予以取缔，依照前款规定处以罚款；有违法所得的，予以没收。

以欺骗手段取得资质证书承揽工程的，吊销资质证书，依照本条第一款规定处以罚款；有违法所得的，予以没收。

第三十六条　违反本条例规定,未经注册,擅自以注册建设工程勘察、设计人员的名义从事建设工程勘察、设计活动的,责令停止违法行为,没收违法所得,处违法所得2倍以上5倍以下罚款;给他人造成损失的,依法承担赔偿责任。

第三十七条　违反本条例规定,建设工程勘察、设计注册执业人员和其他专业技术人员未受聘于一个建设工程勘察、设计单位或者同时受聘于两个以上建设工程勘察、设计单位,从事建设工程勘察、设计活动的,责令停止违法行为,没收违法所得,处违法所得2倍以上5倍以下的罚款;情节严重的,可以责令停止执行业务或者吊销资格证书;给他人造成损失的,依法承担赔偿责任。

第三十八条　违反本条例规定,发包方将建设工程勘察、设计业务发包给不具有相应资质等级的建设工程勘察、设计单位的,责令改正,处50万元以上100万元以下的罚款。

第三十九条　违反本条例规定,建设工程勘察、设计单位将所承揽的建设工程勘察、设计转包的,责令改正,没收违法所得,处合同约定的勘察费、设计费25%以上50%以下的罚款,可以责令停业整顿,降低资质等级;情节严重的,吊销资质证书。

第四十条　违反本条例规定,勘察、设计单位未依据项目批准文件,城乡规划及专业规划,国家规定的建设工程勘察、设计深度要求编制建设工程勘察、设计文件的,责令限期改正;逾期不改正的,处10万元以上30万元以下的罚款;造成工程质量事故或者环境污染和生态破坏的,责令停业整顿,降低资质等级;情节严重的,吊销资质证书;造成损失的,依法承担赔偿责任。

第四十一条　违反本条例规定,有下列行为之一的,依照《建设工程质量管理条例》第六十三条的规定给予处罚:

(一)勘察单位未按照工程建设强制性标准进行勘察的;

(二)设计单位未根据勘察成果文件进行工程设计的;

(三)设计单位指定建筑材料、建筑构配件的生产厂、供应商的;

(四)设计单位未按照工程建设强制性标准进行设计的。

第四十二条　本条例规定的责令停业整顿、降低资质等级和吊销资质证书、资格证书的行政处罚,由颁发资质证书、资格证书的机关决定;其他行政处罚,由建设行政主管部门或者其他有关部门依据法定职权范围决定。

依照本条例规定被吊销资质证书的,由工商行政管理部门吊销其营业执照。

第四十三条 国家机关工作人员在建设工程勘察、设计活动的监督管理工作中玩忽职守、滥用职权、徇私舞弊，构成犯罪的，依法追究刑事责任；尚不构成犯罪的，依法给予行政处分。

7.13 生产安全事故应急条例

第三十二条 生产经营单位未将生产安全事故应急救援预案报送备案、未建立应急值班制度或者配备应急值班人员的，由县级以上人民政府负有安全生产监督管理职责的部门责令限期改正；逾期未改正的，处3万元以上5万元以下的罚款，对直接负责的主管人员和其他直接责任人员处1万元以上2万元以下的罚款。

7.14 特种设备安全监察条例

第七十七条 未经许可，擅自从事锅炉、压力容器、电梯、起重机械、客运索道、大型游乐设施、场（厂）内专用机动车辆的维修或者日常维护保养的，由特种设备安全监督管理部门予以取缔，处1万元以上5万元以下罚款；有违法所得的，没收违法所得；触犯刑律的，对负有责任的主管人员和其他直接责任人员依照刑法关于非法经营罪、重大责任事故罪或者其他罪的规定，依法追究刑事责任。

第七十八条 锅炉、压力容器、电梯、起重机械、客运索道、大型游乐设施的安装、改造、维修的施工单位以及场（厂）内专用机动车辆的改造、维修单位，在施工前未将拟进行的特种设备安装、改造、维修情况书面告知直辖市或者设区的市的特种设备安全监督管理部门即行施工的，或者在验收后30日内未将有关技术资料移交锅炉、压力容器、电梯、起重机械、客运索道、大型游乐设施的使用单位的，由特种设备安全监督管理部门责令限期改正；逾期未改正的，处2000元以上1万元以下罚款。

第八十三条 特种设备使用单位有下列情形之一的，由特种设备安全监督管理部门责令限期改正；逾期未改正的，处2000元以上2万元以下罚款；情节严重的，责令停止使用或者停产停业整顿：

(一)特种设备投入使用前或者投入使用后 30 日内,未向特种设备安全监督管理部门登记,擅自将其投入使用的;

(二)未依照本条例第二十六条的规定,建立特种设备安全技术档案的;

(三)未依照本条例第二十七条的规定,对在用特种设备进行经常性日常维护保养和定期自行检查的,或者对在用特种设备的安全附件、安全保护装置、测量调控装置及有关附属仪器仪表进行定期校验、检修,并作出记录的;

(四)未按照安全技术规范的定期检验要求,在安全检验合格有效期届满前 1 个月向特种设备检验检测机构提出定期检验要求的;

(五)使用未经定期检验或者检验不合格的特种设备的;

(六)特种设备出现故障或者发生异常情况,未对其进行全面检查、消除事故隐患,继续投入使用的;

(七)未制定特种设备事故应急专项预案的;

(八)未依照本条例第三十一条第二款的规定,对电梯进行清洁、润滑、调整和检查的;

(九)未按照安全技术规范要求进行锅炉水(介)质处理的;

(十)特种设备不符合能效指标,未及时采取相应措施进行整改的。

特种设备使用单位使用未取得生产许可的单位生产的特种设备或者将非承压锅炉、非压力容器作为承压锅炉、压力容器使用的,由特种设备安全监督管理部门责令停止使用,予以没收,处 2 万元以上 10 万元以下罚款。

第八十四条　特种设备存在严重事故隐患,无改造、维修价值,或者超过安全技术规范规定的使用年限,特种设备使用单位未予以报废,并向原登记的特种设备安全监督管理部门办理注销的,由特种设备安全监督管理部门责令限期改正;逾期未改正的,处 5 万元以上 20 万元以下罚款。

第八十六条　特种设备使用单位有下列情形之一的,由特种设备安全监督管理部门责令限期改正;逾期未改正的,责令停止使用或者停产停业整顿,处 2000 元以上 2 万元以下罚款:

(一)未依照本条例规定设置特种设备安全管理机构或者配备专职、兼职的安全管理人员的;

(二)从事特种设备作业的人员,未取得相应特种作业人员证书,上岗作业的;

(三)未对特种设备作业人员进行特种设备安全教育和培训的。

第八十七条 发生特种设备事故，有下列情形之一的，对单位，由特种设备安全监督管理部门处 5 万元以上 20 万元以下罚款；对主要负责人，由特种设备安全监督管理部门处 4000 元以上 2 万元以下罚款；属于国家工作人员的，依法给予处分；触犯刑律的，依照刑法关于重大责任事故罪或者其他罪的规定，依法追究刑事责任：

（一）特种设备使用单位的主要负责人在本单位发生特种设备事故时，不立即组织抢救或者在事故调查处理期间擅离职守或者逃匿的；

（二）特种设备使用单位的主要负责人对特种设备事故隐瞒不报、谎报或者拖延不报的。

第八十八条 对事故发生负有责任的单位，由特种设备安全监督管理部门依照下列规定处以罚款：

（一）发生一般事故的，处 10 万元以上 20 万元以下罚款；

（二）发生较大事故的，处 20 万元以上 50 万元以下罚款；

（三）发生重大事故的，处 50 万元以上 200 万元以下罚款。

第八十九条 对事故发生负有责任的单位的主要负责人未依法履行职责，导致事故发生的，由特种设备安全监督管理部门依照下列规定处以罚款；属于国家工作人员的，并依法给予处分；触犯刑律的，依照刑法关于重大责任事故罪或者其他罪的规定，依法追究刑事责任：

（一）发生一般事故的，处上一年年收入 30% 的罚款；

（二）发生较大事故的，处上一年年收入 40% 的罚款；

（三）发生重大事故的，处上一年年收入 60% 的罚款。

第九十条 特种设备作业人员违反特种设备的操作规程和有关的安全规章制度操作，或者在作业过程中发现事故隐患或者其他不安全因素，未立即向现场安全管理人员和单位有关负责人报告的，由特种设备使用单位给予批评教育、处分；情节严重的，撤销特种设备作业人员资格；触犯刑律的，依照刑法关于重大责任事故罪或者其他罪的规定，依法追究刑事责任。

第九十一条 未经核准，擅自从事本条例所规定的监督检验、定期检验、型式试验以及无损检测等检验检测活动的，由特种设备安全监督管理部门予以取缔，处 5 万元以上 20 万元以下罚款；有违法所得的，没收违法所得；触犯刑律的，对负有责任的主管人员和其他直接责任人员依照刑法关于非法经营罪或者其他罪的规定，依法追究刑事责任。

第九十七条　特种设备安全监督管理部门及其特种设备安全监察人员，有下列违法行为之一的，对直接负责的主管人员和其他直接责任人员，依法给予降级或者撤职的处分；触犯刑律的，依照刑法关于受贿罪、滥用职权罪、玩忽职守罪或者其他罪的规定，依法追究刑事责任：

（一）不按照本条例规定的条件和安全技术规范要求，实施许可、核准、登记的；

（二）发现未经许可、核准、登记擅自从事特种设备的生产、使用或者检验检测活动不予取缔或者不依法予以处理的；

（三）发现特种设备生产、使用单位不再具备本条例规定的条件而不撤销其原许可，或者发现特种设备生产、使用违法行为不予查处的；

（四）发现特种设备检验检测机构不再具备本条例规定的条件而不撤销其原核准，或者对其出具虚假的检验检测结果、鉴定结论或者检验检测结果、鉴定结论严重失实的行为不予查处的；

（五）对依照本条例规定在其他地方取得许可的特种设备生产单位重复进行许可，或者对依照本条例规定在其他地方检验检测合格的特种设备，重复进行检验检测的；

（六）发现有违反本条例和安全技术规范的行为或者在用的特种设备存在严重事故隐患，不立即处理的；

（七）发现重大的违法行为或者严重事故隐患，未及时向上级特种设备安全监督管理部门报告，或者接到报告的特种设备安全监督管理部门不立即处理的；

（八）迟报、漏报、瞒报或者谎报事故的；

（九）妨碍事故救援或者事故调查处理的。

7.15　山东省安全生产条例

第十七条　生产经营单位的主要负责人是本单位安全生产第一责任人，对安全生产工作全面负责，具体履行下列职责：

（一）建立健全本单位全员安全生产责任制，并组织落实和考核奖惩；

（二）组织制定并实施本单位安全生产规章制度和操作规程；

（三）确定分管安全生产的负责人或者安全总监、主要技术负责人、其他相关负责人的安全管理职责；

（四）明确本单位技术管理机构的安全生产技术保障职能并配备安全技术人员；

（五）定期研究安全生产工作；

（六）组织制定并实施本单位安全生产教育和培训计划；

（七）保证本单位安全生产投入的有效实施；

（八）组织建立并落实安全风险分级管控和隐患排查治理双重预防工作机制，督促、检查本单位的安全生产工作，及时消除生产安全事故隐患；

（九）依法开展安全生产标准化建设、安全文化建设；

（十）组织制定并实施本单位的生产安全事故应急救援预案；

（十一）及时、如实报告生产安全事故；

（十二）法律法规规定的其他职责。

第三十条　生产经营单位应当依法保障从业人员的生命安全，不得有下列行为：

（一）违章指挥、强令或者放任从业人员冒险作业；

（二）超过核定的生产能力、生产强度或者生产定员组织生产；

（三）违反操作规程、生产工艺、技术标准或者安全管理规定组织作业。

从业人员有权拒绝违章指挥和强令冒险作业；生产经营单位不得因从业人员拒绝违章指挥、强令冒险作业而降低其工资、福利等待遇或者解除与其订立的劳动合同。

从业人员在作业过程中，应当严格落实岗位安全责任，遵守本单位的安全生产规章制度和操作规程，服从管理，正确佩戴和使用劳动防护用品。

第三十五条　生产经营单位进行爆破、吊装、悬挂、挖掘、动火、临时用电、危险装置设备试生产、有限空间、有毒有害、建筑物和构筑物拆除，以及临近油气管道、高压输电线路等危险作业，应当遵守下列规定：

（一）对作业现场进行安全风险辨识；

（二）制定作业方案和安全防范措施；

（三）按照规定开具危险作业票证，并对危险作业票证进行现场查验；

（四）确认作业人员的上岗资格、身体状况以及配备的劳动防护用品符合安全作业要求；

（五）进行安全技术交底，向作业人员说明危险因素、作业安全要求和应急

措施;

(六)确定专人进行现场作业的统一指挥;

(七)指定安全生产管理人员进行现场安全检查和监督,确认安全防范措施落实情况;

(八)按照规定配备安全防护设备、应急救援装备,设置安全警示标志。

生产经营单位委托其他生产经营单位进行危险作业的,应当在作业前与受托方签订安全生产管理协议,并对受托方安全生产工作统一协调管理。安全生产管理协议应当明确各自的安全生产职责。

第七十条　违反本条例规定的行为,法律、行政法规已经规定法律责任的,适用其规定。

第七十一条　违反本条例规定,各级人民政府和有关部门的工作人员有下列情形之一的,依法给予处分;构成犯罪的,依法追究刑事责任:

(一)未依法履行监督管理职责导致发生生产安全事故的;

(二)未依法履行生产安全事故应急救援职责造成严重后果的;

(三)对迟报、漏报、谎报、瞒报生产安全事故负有责任的;

(四)阻挠、干涉生产安全事故调查处理工作的;

(五)违法干预生产经营单位的正常生产经营和作业活动造成严重后果的;

(六)其他滥用职权、玩忽职守、徇私舞弊的行为。

发生生产安全事故,经事故调查组认定、监察机关核实,有关人民政府和部门的工作人员已经全面履行了安全生产法定职责的,不予追究相关责任。

第七十二条　生产经营单位的主要负责人违反本条例第十七条第三项、第四项、第五项规定的,责令限期改正,处二万元以上五万元以下的罚款;逾期未改正的,处五万元以上十万元以下的罚款,责令生产经营单位停产停业整顿。

第七十三条　生产经营单位的主要负责人违反本条例第十七条第三项、第四项、第五项规定,导致发生生产安全事故的,依法给予撤职处分,由应急管理部门依照下列规定处以罚款;构成犯罪的,依法追究刑事责任:

(一)发生一般事故的,处上一年年收入百分之四十的罚款;

(二)发生较大事故的,处上一年年收入百分之六十的罚款;

(三)发生重大事故的,处上一年年收入百分之八十的罚款;

（四）发生特别重大事故的，处上一年年收入百分之一百的罚款。

第七十四条 违反本条例规定，生产经营单位的安全总监未履行安全生产管理工作职责的，责令限期改正，处一万元以上三万元以下的罚款；导致发生生产安全事故的，暂停或者吊销其与安全生产有关的资格，并处上一年年收入百分之二十以上百分之五十以下的罚款；构成犯罪的，依法追究刑事责任。

第七十五条 违反本条例规定，生产经营单位有下列情形之一的，责令限期改正，处三万元以上十万元以下的罚款；逾期未改正的，责令停产停业整顿，并处十万元以上二十万元以下的罚款，对直接负责的主管人员和其他直接责任人员处二万元以上五万元以下的罚款：

（一）未按照规定建立全员安全生产责任制的；

（二）未按照规定设置安全总监的；

（三）未按照规定建立安全生产委员会的；

（四）未按照规定提取和使用安全生产费用的；

（五）高危生产经营单位的主要负责人、分管安全生产的负责人或者安全总监、安全生产管理人员未按照规定经考核合格的；

（六）未按照规定对从业人员在上岗前进行安全生产教育和培训的；

（七）高危生产经营单位未按照规定执行单位负责人现场带班制度的；

（八）未按照规定对常驻协作单位进行安全管理的。

第七十六条 生产经营单位违反本条例第三十条第一款规定的，责令限期改正，处三万元以上十万元以下的罚款；逾期未改正的，责令停产停业整顿，并处十万元以上二十万元以下的罚款，对直接负责的主管人员和其他直接责任人员处二万元以上五万元以下的罚款；构成犯罪的，依法追究刑事责任。

生产经营单位违反本条例第三十条第一款规定，导致发生生产安全事故的，依照法律规定处以罚款，并对直接负责的主管人员和其他直接责任人员处五万元以上二十万元以下的罚款。

第七十七条 生产经营单位进行危险作业，违反本条例第三十五条第一款规定的，责令限期改正，处三万元以上十万元以下的罚款；逾期未改正的，责令停产停业整顿，并处十万元以上二十万元以下的罚款，对直接负责的主管人员和其他直接责任人员处二万元以上五万元以下的罚款；构成犯罪的，依法追究刑事责任。

第七十八条 违反本条例规定，承担安全评价、认证、检测、检验职责的机构违法更改或者简化安全评价、认证、检测、检验程序和内容,或者转让、转包承接的服务项目的,没收违法所得,并处违法所得一倍以上三倍以下的罚款;没有违法所得的,处三万元以上十万元以下的罚款;对直接负责的主管人员和其他直接责任人员处二万元以上五万元以下的罚款。

　　第七十九条　本条例规定的行政处罚,未明确实施机关的,由应急管理部门和其他负有安全生产监督管理职责的部门按照职责实施。

7.16　危险性较大的分部分项工程安全管理规定

　　第二十九条　建设单位有下列行为之一的,责令限期改正,并处 1 万元以上 3 万元以下的罚款;对直接负责的主管人员和其他直接责任人员处 1000 元以上 5000 元以下的罚款:

　　(一)未按照本规定提供工程周边环境等资料的;

　　(二)未按照本规定在招标文件中列出危大工程清单的;

　　(三)未按照施工合同约定及时支付危大工程施工技术措施费或者相应的安全防护文明施工措施费的;

　　(四)未按照本规定委托具有相应勘察资质的单位进行第三方监测的;

　　(五)未对第三方监测单位报告的异常情况组织采取处置措施的。

　　第三十条　勘察单位未在勘察文件中说明地质条件可能造成的工程风险的,责令限期改正,依照《建设工程安全生产管理条例》对单位进行处罚;对直接负责的主管人员和其他直接责任人员处 1000 元以上 5000 元以下的罚款。

　　第三十一条　设计单位未在设计文件中注明涉及危大工程的重点部位和环节,未提出保障工程周边环境安全和工程施工安全的意见的,责令限期改正,并处 1 万元以上 3 万元以下的罚款;对直接负责的主管人员和其他直接责任人员处 1000 元以上 5000 元以下的罚款。

　　第三十二条　施工单位未按照本规定编制并审核危大工程专项施工方案的,依照《建设工程安全生产管理条例》对单位进行处罚,并暂扣安全生产许可证 30 日;对直接负责的主管人员和其他直接责任人员处 1000 元以上 5000 元以下的罚款。

　　第三十三条　施工单位有下列行为之一的,依照《中华人民共和国安全生产法》《建设工程安全生产管理条例》对单位和相关责任人员进行处罚:

（一）未向施工现场管理人员和作业人员进行方案交底和安全技术交底的；

（二）未在施工现场显著位置公告危大工程，并在危险区域设置安全警示标志的；

（三）项目专职安全生产管理人员未对专项施工方案实施情况进行现场监督的。

第三十四条 施工单位有下列行为之一的，责令限期改正，处1万元以上3万元以下的罚款，并暂扣安全生产许可证30日；对直接负责的主管人员和其他直接责任人员处1000元以上5000元以下的罚款：

（一）未对超过一定规模的危大工程专项施工方案进行专家论证的；

（二）未根据专家论证报告对超过一定规模的危大工程专项施工方案进行修改，或者未按照本规定重新组织专家论证的；

（三）未严格按照专项施工方案组织施工，或者擅自修改专项施工方案的。

第三十五条 施工单位有下列行为之一的，责令限期改正，并处1万元以上3万元以下的罚款；对直接负责的主管人员和其他直接责任人员处1000元以上5000元以下的罚款：

（一）项目负责人未按照本规定现场履职或者组织限期整改的；

（二）施工单位未按照本规定进行施工监测和安全巡视的；

（三）未按照本规定组织危大工程验收的；

（四）发生险情或者事故时，未采取应急处置措施的；

（五）未按照本规定建立危大工程安全管理档案的。

第三十六条 监理单位有下列行为之一的，依照《中华人民共和国安全生产法》《建设工程安全生产管理条例》对单位进行处罚；对直接负责的主管人员和其他直接责任人员处1000元以上5000元以下的罚款：

（一）总监理工程师未按照本规定审查危大工程专项施工方案的；

（二）发现施工单位未按照专项施工方案实施，未要求其整改或者停工的；

（三）施工单位拒不整改或者不停止施工时，未向建设单位和工程所在地住房城乡建设主管部门报告的。

第三十七条 监理单位有下列行为之一的，责令限期改正，并处1万元以上3万元以下的罚款；对直接负责的主管人员和其他直接责任人员处1000元以上5000元以下的罚款：

（一）未按照本规定编制监理实施细则的；

（二）未对危大工程施工实施专项巡视检查的；

（三）未按照本规定参与组织危大工程验收的；

（四）未按照本规定建立危大工程安全管理档案的。

第三十八条　监测单位有下列行为之一的，责令限期改正，并处 1 万元以上 3 万元以下的罚款；对直接负责的主管人员和其他直接责任人员处 1000 元以上 5000 元以下的罚款：

（一）未取得相应勘察资质从事第三方监测的；

（二）未按照本规定编制监测方案的；

（三）未按照监测方案开展监测的；

（四）发现异常未及时报告的。

第三十九条　县级以上地方人民政府住房城乡建设主管部门或者所属施工安全监督机构的工作人员，未依法履行危大工程安全监督管理职责的，依照有关规定给予处分。

7.17　实施工程建设强制性标准监督规定

第十六条　建设单位有下列行为之一的，责令改正，并处以 20 万元以上 50 万元以下的罚款：

（一）明示或者暗示施工单位使用不合格的建筑材料、建筑构配件和设备的；

（二）明示或者暗示设计单位或者施工单位违反工程建设强制性标准，降低工程质量的。

第十七条　勘察、设计单位违反工程建设强制性标准进行勘察、设计的，责令改正，并处以 10 万元以上 30 万元以下的罚款。

有前款行为，造成工程质量事故的，责令停业整顿，降低资质等级；情节严重的，吊销资质证书；造成损失的，依法承担赔偿责任。

第十八条　施工单位违反工程建设强制性标准的，责令改正，处工程合同价款 2% 以上 4% 以下的罚款；造成建设工程质量不符合规定的质量标准的，负责返工、修理，并赔偿因此造成的损失；情节严重的，责令停业整顿，降低资质等级或者吊销资质证书。

第十九条　工程监理单位违反强制性标准规定,将不合格的建设工程以及建筑材料、建筑构配件和设备按照合格签字的,责令改正,处 50 万元以上 100 万元以下的罚款,降低资质等级或者吊销资质证书;有违法所得的,予以没收;造成损失的,承担连带赔偿责任。

7.18　水利工程建设监理规定

第二十六条　项目法人及其工作人员收受监理单位贿赂、索取回扣或者其他不正当利益的,予以追缴,并处违法所得 3 倍以下且不超过 3 万元的罚款;构成犯罪的,依法追究有关责任人员的刑事责任。

第二十七条　监理单位有下列行为之一的,依照《建设工程质量管理条例》第六十条、第六十一条、第六十二条、第六十七条、第六十八条处罚:

（一）超越本单位资质等级许可的业务范围承揽监理业务的;

（二）未取得相应资质等级证书承揽监理业务的;

（三）以欺骗手段取得的资质等级证书承揽监理业务的;

（四）允许其他单位或者个人以本单位名义承揽监理业务的;

（五）转让监理业务的;

（六）与项目法人或者被监理单位串通,弄虚作假、降低工程质量的;

（七）将不合格的建设工程、建筑材料、建筑构配件和设备按照合格签字的;

（八）与被监理单位以及建筑材料、建筑构配件和设备供应单位有隶属关系或者其他利害关系承担该项工程建设监理业务的。

第二十八条　监理单位有下列行为之一的,责令改正,给予警告;无违法所得的,处 1 万元以下罚款,有违法所得的,予以追缴,处违法所得 3 倍以下且不超过 3 万元罚款;情节严重的,降低资质等级;构成犯罪的,依法追究有关责任人员的刑事责任:

（一）以串通、欺诈、胁迫、贿赂等不正当竞争手段承揽监理业务的;

（二）利用工作便利与项目法人、被监理单位以及建筑材料、建筑构配件和设备供应单位串通,谋取不正当利益的。

第二十九条　监理单位有下列行为之一的,依照《建设工程安全生产管理条例》第五十七条处罚:

（一）未对施工组织设计中的安全技术措施或者专项施工方案进行审查的；

（二）发现安全事故隐患未及时要求施工单位整改或者暂时停止施工的；

（三）施工单位拒不整改或者不停止施工，未及时向有关水行政主管部门或者流域管理机构报告的；

（四）未依照法律、法规和工程建设强制性标准实施监理的。

第三十条　监理单位有下列行为之一的，责令改正，给予警告；情节严重的，降低资质等级：

（一）聘用无相应监理人员资格的人员从事监理业务的；

（二）隐瞒有关情况、拒绝提供材料或者提供虚假材料的。

第三十一条　监理人员从事水利工程建设监理活动，有下列行为之一的，责令改正，给予警告；其中，监理工程师违规情节严重的，注销注册证书，2年内不予注册；有违法所得的，予以追缴，并处1万元以下罚款；造成损失的，依法承担赔偿责任；构成犯罪的，依法追究刑事责任：

（一）利用执（从）业上的便利，索取或者收受项目法人、被监理单位以及建筑材料、建筑构配件和设备供应单位财物的；

（二）与被监理单位以及建筑材料、建筑构配件和设备供应单位串通，谋取不正当利益的；

（三）非法泄露执（从）业中应当保守的秘密的。

第三十二条　监理人员因过错造成质量事故的，责令停止执（从）业1年，其中，监理工程师因过错造成重大质量事故的，注销注册证书，5年内不予注册，情节特别严重的，终身不予注册。

监理人员未执行法律、法规和工程建设强制性标准的，责令停止执（从）业3个月以上1年以下，其中，监理工程师违规情节严重的，注销注册证书，5年内不予注册，造成重大安全事故的，终身不予注册；构成犯罪的，依法追究刑事责任。

第三十三条　水行政主管部门和流域管理机构的工作人员在工程建设监理活动的监督管理中玩忽职守、滥用职权、徇私舞弊的，依法给予处分；构成犯罪的，依法追究刑事责任。

第三十四条　依法给予监理单位罚款处罚的，对单位直接负责的主管人员和其他直接责任人员处单位罚款数额百分之五以上、百分之十以下的罚款。

监理单位的工作人员因调动工作、退休等原因离开该单位后，被发现在该单位工作期间违反国家有关工程建设质量管理规定，造成重大工程质量事故的，仍应当依法追究法律责任。

第三十五条　降低监理单位资质等级、吊销监理单位资质等级证书的处罚以及注销监理工程师注册证书，由水利部决定；其他行政处罚，由有关水行政主管部门依照法定职权决定。

7.19　水利工程质量检测管理规定

第二十四条　违反本规定，未取得相应的资质，擅自承担检测业务的，其检测报告无效，由县级以上人民政府水行政主管部门责令改正，可并处1万元以上3万元以下的罚款。

第二十五条　隐瞒有关情况或者提供虚假材料申请资质的，审批机关不予受理或者不予批准，并给予警告或者通报批评，二年之内不得再次申请资质。

第二十六条　以欺骗、贿赂等不正当手段取得《资质等级证书》的，由审批机关予以撤销，3年内不得再次申请，可并处1万元以上3万元以下的罚款；构成犯罪的，依法追究刑事责任。

第二十七条　检测单位违反本规定，有下列行为之一的，由县级以上人民政府水行政主管部门责令改正，有违法所得的，没收违法所得，可并处1万元以上3万元以下的罚款；构成犯罪的，依法追究刑事责任：

（一）超出资质等级范围从事检测活动的；

（二）涂改、倒卖、出租、出借或者以其他形式非法转让《资质等级证书》的；

（三）使用不符合条件的检测人员的；

（四）未按规定上报发现的违法违规行为和检测不合格事项的；

（五）未按规定在质量检测报告上签字盖章的；

（六）未按照国家和行业标准进行检测的；

（七）档案资料管理混乱，造成检测数据无法追溯的；

（八）转包、违规分包检测业务的。

第二十八条　检测单位伪造检测数据，出具虚假质量检测报告的，由县级以上人民政府水行政主管部门给予警告，并处3万元罚款；给他人造成损失的,依法承担赔偿责任;构成犯罪的,依法追究刑事责任。

第二十九条　违反本规定,委托方有下列行为之一的,由县级以上人民政府水行政主管部门责令改正,可并处 1 万元以上 3 万元以下的罚款:

(一)委托未取得相应资质的检测单位进行检测的;

(二)明示或暗示检测单位出具虚假检测报告,篡改或伪造检测报告的;

(三)送检试样弄虚作假的。

第三十条　检测人员从事质量检测活动中,有下列行为之一的,由县级以上人民政府水行政主管部门责令改正,给予警告,可并处 1 千元以下罚款:

(一)不如实记录,随意取舍检测数据的;

(二)弄虚作假、伪造数据的;

(三)未执行法律、法规和强制性标准的。

7.20　水利工程责任单位责任人质量终身责任追究管理办法(试行)

第十五条　符合下列情形之一的,县级以上人民政府水行政主管部门应当依法追究责任单位责任人的质量终身责任:

(一)发生工程质量事故;

(二)发生投诉、举报、群体性事件、媒体负面报道等情形,并造成恶劣社会影响的严重工程质量问题;

(三)由于勘察、设计或施工质量原因造成尚在合理使用年限内的水利工程不能正常使用或在洪水防御、抗震等设计标准范围内不能正常发挥作用;

(四)存在其他因质量原因需追究责任的违法违规行为。

第十六条　违反法律法规规定,造成工程质量事故或严重质量问题的,应依法追究相关责任单位的责任。

第十七条　发生本办法第十五条所列情形之一的,对相关责任单位责任人按以下方式进行责任追究:

(一)责任人为依法履行公职的人员,将违法违规相关材料移交其上级主管部门及纪检监察部门;

(二)责任人为相关注册执业人员,因过错造成质量事故的,责令停止执业 1 年;造成重大质量事故的,吊销执业资格证书,5 年以内不予注册;情节特别

恶劣的,终身不予注册;

（三）依照有关规定,给予单位罚款处罚的,对责任人处单位罚款数额5%以上10%以下的罚款;

（四）涉嫌犯罪的,移送司法机关。

第十八条　各级水行政主管部门应当及时公布责任单位责任人质量责任追究情况,将其违法违规等不良行为及处罚结果记入个人信用档案,给予信用惩戒。

鼓励各级水行政主管部门向社会公开所管辖范围内的水利工程项目负责人质量终身责任承诺等质量责任信息。

第十九条　责任人因调动工作、退休等原因离开单位后,被发现在原单位工作期间违反国家法律法规、工程建设标准及有关规定,造成所参建项目发生第十五条所列情形之一的,仍应按本办法第十七条规定依法追究相应责任。

责任单位已合并、分立或被撤销、注销、吊销营业执照或者宣告破产的,责任人被发现在该单位工作期间违反国家法律法规、工程建设标准及有关规定,造成所参建项目发生第十五条所列情形之一的,仍应按本办法第十七条规定依法追究相应责任。

附　录

附录 A-1　质量监督申请书

山东省水利工程建设质量监督申请书

××××监督机构：

　　（介绍项目的基本情况，初期工作进展情况，开工准备情况）。根据《建设工程质量管理条例》（国务院令第 714 号）、《水利工程质量管理规定》（水利部令第 49 号）、《水利工程质量监督管理规定》（水利部水建〔1997〕339 号）等有关规定，现申请××××（项目名称）的质量监督，并承诺对申请材料实质内容的真实性负责，请予办理。

联系人：

电　话：

申请单位：（盖章）

年　月　日

水利工程建设质量监督与安全监督备案
登记表

工程名称：

项目法人：　　　（盖章）

法定代表人签名：

（报送类型：初次报送□　　补充、变更报送□）

年　月　日

填写说明

一、本表由项目法人负责填报。

二、本表除签名外应使用计算机打印。

三、申请人须按本表要求逐项填报有关内容,各项内容如纸张不够,可加附页。

四、工程建设内容,各参建单位及主要负责人发生变化的,应将相应信息进行变更,重新报送本表并附变更支撑材料。

	工程名称			
	主管部门		建设地点	
初步设计报告	批准机关			
	批准日期			
	批准文件			
	批复工期			
	计划开工日期		计划竣工日期	
	主要建设内容			
主要工程量	土石方	万 m³	混凝土及钢筋混凝土	万 m³
	机电金结		其他	
	总投资	万元	建安工程量	万元
	质量目标			
	安全目标			
工程概况				
工程建设工期安排				

项目 法人 单位	单位名称			
	地址			
	法定代表人		电话	
	项目技术负责人		职务	
	项目质量负责人		职务	
	项目安全负责人		职务	
勘察、设计 单位(若为 多家单位， 应分列并填 写相应的设 计内容)	单位名称			
	资质等级			
	地址			
	法定代表人			
	项目负责人		电话	
	项目主设人员		安全负责人	
	项目主设人员		现场设计代表	
	项目主设人员		现场设计代表	数量根据实际 情况填写
	设计内容			
监理单位 (标段)	单位名称			
	资质等级			
	地址			
	法定代表人			
	项目总监		电话	
	项目安全负责人		项目监理工程师	
	项目监理工程师		项目监理工程师	数量根据实际 情况填写
	负责的施工标段			

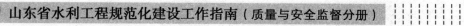

续表

施工单位（标段）（若为多家单位，应分列）	单位名称			
	资质等级		证书编号	
	安全生产许可证号			
	法定代表人			
	单位安全总监			
	项目经理		电话	
	项目技术负责人		项目质检员	
	项目质量负责人		项目安全员	
	项目安全负责人		项目施工员	数量根据实际情况填写
	特种作业人员	（工种）姓名	特种作业人员	数量根据实际情况填写
	承建主要内容			
金属结构制造单位（根据实际情况填写，如无可删除）	单位名称			
	生产许可证编号		允许生产设备品类及级别	
	地址			
	法定代表人			
	项目负责人		电话	
	制造主要内容			
	制造工程量			
机电设备制造单位（根据实际情况填写，如无可删除）	单位名称			
	生产许可证编号		允许生产设备品类及级别	
	地址			
	法定代表人			
	项目负责人		电话	
	设备制造主要内容			
	制造工程量			

注：工程建设中如有多家施工单位（或设备安装单位）需按标段填写，并注明所承担的标段名称；特种作业人员较多，可添加行填写。

附录 A-2　安全监督备案申请

水利工程建设安全监督备案表

工程名称	
××××监督机构： 　　（介绍项目的基本情况，初期工作进展情况）。根据《水利工程建设安全生产管理规定》（水利部令第 50 号，2019 年修正）、《水利工程建设项目管理规定（试行）》《水利工程建设项目法人管理指导意见》（水建设〔2020〕258 号）等有关规定，现申请办理安全监督备案，并承诺对申请材料实质内容的真实性负责。 　　附件：1.水利工程建设质量监督与安全监督备案登记表 　　　　　2.危险性较大的单项工程清单和安全生产管理措施 　　　　　　　　　　　　　　负责人（签字）： 　　　　　　　　　　　　　　项目法人（章） 　　　　　　　　　　　　　　　年　月　日	
备案意见	 　　　　　　　　　　　　负责人（签字）： 　　　　　　　　　　　　监督机构（章） 　　　　　　　　　　　　　年　月　日

附录 B-1　质量监督手续

山东省水利工程建设质量监督书

××××（项目法人）：

　　根据你单位申请,按照水利工程建设质量监督有关法律法规的要求,监督机构依法对××××工程实施质量监督。水利工程质量实行项目法人负责制,监理、施工、设计等单位按照合同及有关规定对各自承担的工作负责。质量监督机构履行政府部门监督职能,不代替项目法人（建设单位）、监理、设计、施工单位的质量管理工作。监督期限从工程开工前办理监督手续始,到工程竣工验收委员会同意工程交付使用止（含合同质量保修期）。

负责人（签字）：

监督机构（章）

年　月　日

附录 B-2　安全监督手续

水利工程建设安全监督备案表

工程名称	

××××监督机构：

　　（介绍项目的基本情况，初期工作进展情况）。根据《水利工程建设安全生产管理规定》（水利部令第50号，2019年修正）、《水利工程建设项目管理规定（试行）》《水利工程建设项目法人管理指导意见》（水建设〔2020〕258号）等有关规定，现申请办理安全监督备案，并承诺对申请材料实质内容的真实性负责。

　　附件：1.水利工程建设质量监督与安全监督备案登记表
　　　　　2.危险性较大的单项工程清单和安全生产管理措施

负责人（签字）：
项目法人（章）
年　月　日

备案意见	同意备案/不同意备案。 　　　　　　　　　　　　　　负责人（签字）： 　　　　　　　　　　　　　　监督机构（章） 　　　　　　　　　　　　　　年　月　日

附录 C　工程质量终身责任承诺书

工程质量终身责任承诺书
（式样）

　　本人(姓名)＿＿＿担任(工程名称)＿＿＿＿＿＿＿＿＿＿＿＿＿＿工程项目的(建设单位、勘察单位、设计单位、施工单位、监理单位)项目负责人，对该工程项目的(建设、勘察、设计、施工、监理)工作实施组织管理。本人承诺严格依据国家有关法律法规及标准规范履行职责，并对合理使用年限内的工程质量承担相应终身责任。

承诺人签字：＿＿＿＿＿＿＿＿＿＿

身份证号码：＿＿＿＿＿＿＿＿＿＿

注册执业资格：＿＿＿＿＿＿＿＿＿

注册执业证号：＿＿＿＿＿＿＿＿＿

签字日期：＿＿年＿＿月＿＿日

附录 D　监督站成立文件

关于成立×××工程质量与安全
监督项目站的通知

××××(项目法人)：

　　为加强水利工程建设质量与安全监督工作,根据水利部及省水利厅水利工程建设质量与安全监督管理工作的有关规定,按照工程建设实施情况,经研究决定成立××××工程质量与安全监督项目站,项目站由下列人员组成：

　　站长：×××

　　副站长：×××

　　成员：×××

　　　　　×××

　　　　　×××

监督机构(章)

年　月　日

附录 E 监督计划

关于印发×××工程质量与安全
监督计划的通知

××××（项目法人）：

  为强化水利工程质量与安全监督，规范质量与安全监督工作，根据《水利工程质量管理规定》（水利部令第 49 号）、《水利工程建设安全生产管理规定》（水利部令第 50 号）、《水利工程质量监督管理规定》（水利部水建〔1997〕339 号）、《水利部办公厅关于印发〈水利建设工程质量监督工作清单的通知〉》（办监督〔2019〕211 号）等有关规定，结合本工程的施工内容及施工总进度安排，我中心制定了《××××工程质量与安全监督计划》，现印发给你们，请各参建单位根据监督计划的要求做好工程质量与安全管理的相关工作，切实履行好质量与安全责任。

  本计划在执行过程中，根据工程的实际进展情况，可作相应调整。

  附件：××××工程质量与安全监督计划

监督机构（章）

年 月 日

附件

水利工程建设质量与安全监督计划
（编写大纲）

一、工程概况

简要介绍工程建设主要内容、工期、投资及参建单位等。

二、质量与安全监督依据、权限和期限

明确监督机构开展工作的法律法规、规章制度等依据，开展监督工作的权限，监督的法定期限。

三、质量与安全监督项目站组成

明确项目站站长及成员。

四、质量与安全监督工作方式、安排

提出监督机构开展监督的形式及频次和时间安排。

五、质量与安全监督检查主要内容

明确监督机构主要检查内容，对检查出的问题分类定性，提出问题清单及处罚建议，以及整改要求。

六、质量与安全监督重点

根据本工程建设的实际情况，提出质量监督重点。

七、质量与安全职责、义务和工作要求

明确各参建单位应履行的职责和义务，提出相应的工作要求。

八、工程质量与安全监督交底

明确监督交底时间与方式等。

九、其他

附录 F 项目划分确认

关于××××工程项目划分确认的意见

××××(项目法人):

你单位上报的《关于报送××××工程项目划分的请示》(××〔××〕××号)已收悉。根据《水利水电建设工程验收规程》(SL 223—2008)、《水利水电工程施工质量检验与评定规程》(SL 176—2007)等有关规定,结合本工程实际情况,经研究确认本工程项目划分为××个单位工程,××个分部工程,其中主要单位工程××个,主要分部工程××个,重要隐蔽××个,关键部位单元工程××个。

工程实施过程中,需对单位工程、主要分部工程、重要隐蔽和关键部位单元工程的项目划分进行调整的,应重新报中心确认。

附件:××××工程项目划分表

监督机构(章)

年 月 日

附录 G　外观质量评定标准等核备

（此格式适用于枢纽工程外观质量评定标准、规程中未列出的外观质量项目标准及标准分、临时工程质量检验及评定标准、规范中未涉及的单元质量评定标准等确认或核备工作。其中枢纽工程外观质量评定标准为确认，其他为核备。）

关于××××工程外观质量评定标准及
标准分的核备意见

××××（项目法人）：

你单位上报的《关于报送××××工程外观质量评定标准及标准分的请示》(××〔××〕××号)已收悉。根据《水利水电建设工程验收规程》(SL 223—2008)、《水利水电工程施工质量检验与评定规程》(SL 176—2007)等有关规定，结合本工程实际情况，经研究同意核备所报方案。工程实施过程中，方案进行调整的应重新报中心核备。

附件：××××工程外观质量评定标准及标准分

监督机构（章）

年　月　日

附录 H　检测方案备案表

_____工程

检测方案备案表

工程名称	
检测合同名称及编号	

申报简述：
我单位已完成《_____工程项目质量检测方案》编制，现上报，请予以审查核准。 　　附：《_____工程项目质量检测方案》。
<div align="right">申报单位（章）：　　　　项目负责人： 日期：年　月　日</div>
核准单位意见：   <div align="right">单位名称（章）：　　　　核准人： 日期：年　月　日</div>
备案单位意见：   <div align="right">备案单位（章）：　　　　备案人： 日期：　年　月　日</div>

　　注：检测方案备案表一式__份，项目法人存__份，备案单位存__份，检测单位存__份。

附录Ⅰ　重大危险源备案表

重大危险源备案表

工程名称			
重大危险源清单			
序号	重大危险源类别	重大危险源项目	重大危险源部位
1			
2			
3			
4			
⋯⋯			
附:重大危险源分项管控信息表			
项目法人意见	项目法人:(盖章) 负责人: 日　期:		
监督机构备案意见	□不同意备案/□同意备案。 重大危险源管控状态发生变化后及时进行备案调整。 备案人: 负责人:(盖章) 日　　期:		

重大危险源分项管控信息表

项目名称			
重大危险源类别		重大危险项目	
重大危险源部位		重大危险源风险等级	
可能导致的事故类型			
管控措施	管控责任人： 日　　期：		
施工单位	施工单位：（盖章） 项目经理： 日　　期：		
监理单位意见	监理单位：（盖章） 总监理工程师： 日　　期：		
项目法人意见	项目法人：（盖章） 负责人： 日　　期：		
重大危险源状态	□施工过程中/□危险状态已消除		

附录 J　水利工程质量与安全监督检查通知书

水利工程质量与安全监督检查通知书

××××(项目法人)：

　　根据年度工作计划安排,我中心定于××月××日至××月××日对××工程开展质量与安全监督调研,采用听取汇报、查看现场、查阅资料和座谈等方式,了解工程质量与安全情况,请予以协助。

　　附人员名单：
　　×××(姓名)××××(单位)××××(职务)
　　×××(姓名)××××(单位)××××(职务)
　　×××(姓名)××××(单位)××××(职务)

监督机构(章)

年　月　日

附录 K　监督检查整改通知书

K.1　模板一

水利工程质量与安全监督检查书

工程名称		质量监督机构	
监督人员		检查时间	
检查内容			
发现问题			
整改要求			
项目法人		电话	
被检单位人员签字			
监督人员签字			

注:此检查书一式 3 份,监督机构、项目法人、责任整改单位各留存 1 份。

水利工程质量与安全监督问题整改报告书

检查单位		报告日期	
检查组成员			
存在问题	可以机打或详见附件《水利工程质量与安全监督检查书》		
整改完成情况	对照问题逐条整改说明,可以用附件(正式文件)		
整改责任单位	负责人(签字)(单位盖章)		
监理单位	负责人(签字)(单位盖章)		
项目法人	负责人(签字)(单位盖章)		
检查组确认	成员(签字)(单位盖章)		

K.2　模板二

关于×××工程质量与安全监督检查问题
整改的通知

××××(项目法人)：

　　按照水利工程建设质量与安全监督规定，我中心根据监督检查工作安排，与××年××月××日至××月××日对××××工程进行了监督检查。通过查看现场形成问题清单(见附件)。

　　请项目法人组织各责任单位对存在的问题举一反三，落实整改，于××月××日前将整改资料报××××(监督机构)，联系人：×××(姓名)，电话：××××，地址：××××。

　　附件：××××工程监督检查问题清单

监督机构(章)

年　月　日

附录 L　局部暂停施工、停止施工、恢复施工通知书

山东省水利建设工程局部暂停施工整改通知书

编号:(　　)年第(　　)号

＿＿＿＿＿＿＿＿＿：

　　你单位参建的＿＿＿＿＿＿＿＿＿＿工程,经查未落实质量与安全管理责任,存在重大事故隐患排除前或事故隐患排除过程中无法保证质量与安全情形,应在＿＿＿＿＿＿范围内暂停施工,落实整改。具体问题如下:

序号	存在问题	违反法律法规、规范标准、规范性文件的名称及具体条款

第　页(共　页)

　　现要求你单位对上述问题立即进行整改,并举一反三,全数检查,整改结果经你单位检查合格盖章后,由＿＿＿＿＿＿单位确认整改结果满足要求,于＿＿月＿＿日前将复工申请材料报送＿＿＿＿＿＿核实。若对上述情况有异议的,请自签收本通知书之日起 5 个工作日内,向本机构提出书面异议申请。逾期未申请的,视作放弃异议。

　　责任单位或项目负责人签收:＿＿＿＿＿＿(注明职务)

签收日期:　　年　月　日

监督人员:＿＿＿＿＿＿＿＿＿

(单位盖章)

年　月　日

注:本表一式 3 份,监督机构、责任单位、确认单位各执 1 份。

山东省水利建设工程停止施工整改通知书

编号:( )年第( )号

_____ :

你单位参建的_____工程,经查未落实质量与安全管理责任,存在重大事故隐患排除前或事故隐患排除过程中无法保证质量与安全情形,应在合同工程范围内暂停施工,落实整改。具体问题如下:

序号	存在问题	违反法律法规、规范标准、规范性文件的名称及具体条款

第 页(共 页)

现要求你单位对上述问题立即进行整改,并举一反三,全数检查,整改结果经你单位检查合格盖章后,由_____单位确认整改结果满足要求,于____月____日前将复工申请材料报送_____核实。若对上述情况有异议的,请自签收本通知书之日起 5 个工作日内,向本机构提出书面异议申请。逾期未申请的,视作放弃异议。

责任单位或项目负责人签收:_____(注明职务)

签收日期: 年 月 日

监督人员:_____

(单位盖章)

年 月 日

注:本表一式 3 份,监督机构、责任单位、确认单位各执 1 份。

山东省水利建设工程恢复施工通知书

编号:(　　)年第(　　)号

＿＿＿＿＿＿＿＿＿＿:

　　你单位＿＿＿年＿月＿日报送的复工申请材料收悉,根据

□《山东省水利建设工程局部暂停施工整改通知书》(　　)年第(　　)号

□《山东省水利建设工程停止施工整改通知书》(　　)年第(　　)号

　　要求停工整改的内容:(　　　　　　　)质量问题、(　　　　　　)安全问题,经现场复工核实符合复工条件,现同意于＿＿＿年＿月＿日起恢复施工。

(单位盖章)

年　月　日

注:本表一式 3 份,监督机构、责任单位、确认单位各执 1 份。

附录 M　质量缺陷备案表

编号：

____工程施工质量缺陷备案表

质量缺陷所在单位工程：

缺陷类别：

备案日期：　　　年　月　日

1.质量缺陷产生的部位（主要说明具体部位、缺陷描述并附示意图）：

2.质量缺陷产生的主要原因：

3.对工程的安全、功能和运用影响分析：

4.处理方案，或不处理原因分析：

5.保留意见(保留意见应说明主要理由,或采用其他方案及主要理由):

保留意见人　　　　　(签名)

(或保留意见单位及责任人,盖公章,签名)

6.参建单位和主要人员

　　1)施工单位：

　　　　质检部门负责人：　　　　　　　　　(盖公章)

　　　　技术负责人：　　　　　　　　　　　(签名)

　　　　　　　　　　　　　　　　　　　　　(签名)

　　2)设计单位：

　　　　设计代表：　　　　　　　　　　　　(盖公章)

　　　　　　　　　　　　　　　　　　　　　(签名)

　　3)监理单位：

　　　　监理工程师：　　　　　　　　　　　(盖公章)

　　　　总监理工程师：　　　　　　　　　　(签名)

　　　　　　　　　　　　　　　　　　　　　(签名)

　　4)项目法人：

　　　　现场代表：　　　　　　　　　　　　(盖公章)

　　　　技术负责人：　　　　　　　　　　　(签名)

　　　　　　　　　　　　　　　　　　　　　(签名)

填表说明：

　　1.本表由监理单位组织填写。

　　2.本表应采用钢笔或中性笔,用深蓝色或黑色墨水填写。字迹应规范、工整、清晰。

质量缺陷备案登记表

工程项目名称：

序号	备案时间	单位工程	分部工程	缺陷类别	缺陷处理情况	缺陷处理后评定验收时间	登记人	备注

附录 N　质量与安全投诉记录表

投诉人信息	姓名	
	身份证号码	
	联系方式	
	投诉时间	
投诉内容		
监督机构	受理人： 时　间：	

附录 O　监督报告

××××工程××××验收阶段
质量与安全监督报告

××××（监督机构）

××年××月

批准：

审核：

编写：

1.工程概况

1.1 工程简况

（1）工程主要特性：包括工程名称、地点、规模、开工时间和开发任务，主要特性指标，预期经济效益与社会效益等。

（2）工程总布置和主要建筑物：工程总布置和主要建筑物及其设计标准等。

（3）本次阶段验收范围（阶段验收编写）：阶段验收工程验收范围，验收内容等。

1.2 工程建设情况

（1）工程设计审批过程：简述工程设计、重大设计变更等批复情况。

（2）主要参建单位：简述项目法人等各参建单位名称以及承担标段划分情况。

（3）工程设计变更：简述一般设计变更和重大设计变更内容。

2.质量与安全监督工作

2.1 监督机构设置

监督书的签订情况，监督人员配备情况。

2.2 监督主要依据

（1）国家法律、法规、规章及规范性文件有关规定。

（2）国家及行业现行技术标准。

（3）批准的工程设计文件及合同等。

2.3 工作方式和内容

水利工程建设质量与安全监督工作包括行为监督和实体监督，以行为监督为主,实体质量以第三方质量检测数据为主要依据,检查方式以抽查为主。包括:抽查工程现场及质量安全体系、行为资料,听取各参建单位的质量安全控制情况汇报,对工程原材料、中间产品、构配件及工程实体质量进行监督抽样检测,对存在的质量安全体系、行为及实体问题提出监督检查意见,并督促项目法人落实整改。

工程开工以来,监督站共开展了××次监督检查活动,共形成监督检查意见××条,其中项目法人××条,监理单位××条,设计单位××条,检测单位××条,施工单位××条。项目法人均已将整改落实情况书面反馈我中心。

监督期间,监督站参加了××次阶段验收等政府验收,并出具了阶段验收工程质量评价意见;列席了××次单位工程验收、竣工验收自查等法人验收,并核备了重要隐蔽(关键部位)单元工程、分部工程、单位工程、工程项目等质量结论。监督站开展的主要工作如下:

(1)办理了监督手续,制定了监督计划,进行了质量安全监督工作交底。

(2)确认了工程项目划分及枢纽工程中"水工建筑物外观质量评定表"所列各项目的质量标准。

(3)核备了主体工程质量与安全有重要影响的临时工程质量检验及评定标准、规范未列出的外观质量评定项目质量标准及标准分、《单元工程评定标准》尚未涉及的项目质量评定标准及评定表格。

(4)核备了质量检测方案、质量检测报告、工程质量缺陷等工程资料。

(5)核备了重要隐蔽(关键部位)单元工程质量等级、分部工程质量等级、单位工程外观质量评定结论、单位工程质量等级和工程项目质量等级。

(6)核备了保证安全生产的措施方案,重大事故隐患治理方案,拆除工程或者爆破工程施工的相关资料,隐患排查治理统计分析情况,重大事故隐患治理情况进行验证和效果评估,重大危险源辨识和安全评估的结果,安全生产事故应急救援预案、专项应急预案等。

(7)复核了设计、监理、施工、检测等单位的资质等级及其相关人员持证上岗情况。

(8)检查了项目法人的质量与安全管理体系、监理单位的质量与安全控制体系、施工单位的质量与安全保证体系及设计单位质量与安全服务体系的建立及运行情况。

(9)抽查了各参建单位执行质量相关法规、技术规程、规范、标准的情况。

（10）抽查了施工单位、监理单位及项目法人原材料、中间产品的检验与检测资料，单元工程质量检验与评定资料，重要隐蔽（关键部位）单元工程质量等级联合验收资料等。

3.参建单位质量与安全管理体系

3.1　参建单位质量与安全管理体系建立情况

质量与安全管理体系包括机构、人员、制度等，按各参建单位分别编写。

3.2　参建单位质量与安全管理体系检查情况

对各参建单位质量与管理体系运行的监督检查情况。

4.工程项目划分确认

项目法人和委托建管单位(代建单位)组织设计、监理、施工单位制定了项目划分方案，上报了项目划分表和项目划分说明。监督站根据《水利水电建设工程验收规程》(SL 223—2008)和《水利水电工程施工质量检验与评定规程》(SL 176—2007)等有关规定，结合工程实际，分别以"××〔××〕××号"……文件对项目划分进行了确认，本工程共划分为××个单位工程、××个分部工程，其中主要单位工程××个、主要分部工程××个。

本次××阶段验收共涉及××个单位工程，××个分部工程。（阶段验收编写）

5.工程质量检测

5.1　施工单位自检和监理单位平行检测情况

简述施工单位和监理单位委托的检测单位资质是否符合要求，开展的检测情况及检测结果。

5.2 第三方检测单位检测情况

简述项目法人委托的第三方检测单位的检测情况及结果。

5.3 监督检测情况

监督机构开展的质量监督检测情况,包括历次抽检项目、数量及结论等。

6.工程质量与安全核备

6.1 施工质量核备

对重要隐蔽(关键部位)单元工程、分部工程、单位工程、工程项目施工质量核备情况。

6.2 安全资料核备

对保证安全生产的措施方案、重大隐患治理方案等安全资料的核备情况。

7.工程质量安全事故和质量缺陷处理

工程质量与安全事故处理情况(若有)。
质量缺陷处理结果及备案情况。

8.工程项目质量与安全结论意见

8.1 安全生产评价意见

各参建单位按照国家有关安全法律法规和行业安全生产要求,认真履行相应安全生产职责;安全生产管理机构健全,安全生产规章制度齐全,安全生产责任制落实;安全技术措施同步编制;安全技术交底及安全生产检查到位;特种作业持证上岗,操作人员熟悉安全操作规程;文明施工措施明确并落实到位。工程未发生安全事故。

8.2　工程质量结论意见

（阶段验收）本次阶段验收所涉及的单元工程质量等级经施工单位自评、监理单位复核均达到合格及以上，重要隐蔽单元工程质量结论均已核备；原材料及混凝土试件质量合格；工程施工中未发生过质量事故；施工质量检验与评定资料基本齐全。已完工程施工质量基本满足本次阶段验收要求。

（竣工技术预验收）本工程已按初步设计批复的工程建设内容全部完成。工程设计符合规范要求，施工质量满足设计要求，工程形象面貌满足工程竣工验收要求，分部工程验收、单位工程验收和蓄水阶段验收已完成，环境保护、水土保持、库底清理和工程档案专项验收已完成。蓄水安全鉴定及验收遗留主要问题已得到落实和处理，主体工程投入运行以来，各建筑物运行正常。工程具备竣工技术预验收条件。

（竣工验收）××工程建设已按批准的设计文件全部完成。在工程建设施工过程中，建设（代建）、设计、监理、施工、检测等单位建立健全了质量管理体系，质量管理体系运行基本有效。设计、监理、施工和检测等单位资质符合要求，各参建单位质量行为符合要求，工程质量总体处于受控状态。

对施工过程中所用原材料、中间产品已按相关规范和设计要求进行了检验；金属结构、启闭机及其配套设备、发电机组设备进场后进行了联合验收。与工程质量有关的施工记录、检验与评定资料基本齐全。单元工程、分部工程的质量结论，已经履行了施工单位自评、监理单位复核、建设单位认定的程序，符合质量评定相关规定。单元工程施工质量检验资料齐全；隐蔽工程、分部工程、单位工程等验收手续比较完备，没有发生质量事故，有关质量缺陷经过补强处理，不影响工程安全和使用功能，并已进行备案。

根据建设单位提供的单元工程、分部工程和单位工程等质量评定验收资料，经监督机构抽查并对现场施工质量控制情况检查，××个单位工程施工质量全部合格，其中××个单位工程优良，优良率为××，工程施工质量达到××标准。

依据《水利水电建设工程验收规程》（SL 223—2008）的规定，××工程总体施工质量满足设计和现行规范的要求，具备××验收条件，请验收委员会鉴定。

9.附件

9.1 有关该工程项目质量安全监督人员情况表

9.2 工程建设过程中质量监督意见（书面材料）汇总

附录 P 施工质量验收抽查、检查表及核备总表

单元工程施工质量验收评定情况监督抽查表

工程名称：

项目法人（监理）代表：（签字）

抽查时间：

抽查人：（签字）

分部工程名称及编码	单元工程名称及编码	单元工程评定情况	单元工程抽查意见								单元工程评定资料抽查结论	备注
			单元工程划分是否合理	评定是否及时	"三检"资料是否齐全	评定与检验收资料是否齐全	监理是否有抽检资料	质量缺陷是否备案	评定结果是否准确	人员签字是否规范		
			□是□否	□是□否	□是□否	□是□否	□是□否	□是□否	□是□否	□是□否	□齐全 □基本齐全 □不齐全	
			□是□否	□是□否	□是□否	□是□否	□是□否	□是□否	□是□否	□是□否	□齐全 □基本齐全 □不齐全	
			□是□否	□是□否	□是□否	□是□否	□是□否	□是□否	□是□否	□是□否	□齐全 □基本齐全 □不齐全	
			□是□否	□是□否	□是□否	□是□否	□是□否	□是□否	□是□否	□是□否	□齐全 □基本齐全 □不齐全	
			□是□否	□是□否	□是□否	□是□否	□是□否	□是□否	□是□否	□是□否	□齐全 □基本齐全 □不齐全	
			□是□否	□是□否	□是□否	□是□否	□是□否	□是□否	□是□否	□是□否	□齐全 □基本齐全 □不齐全	
			□是□否	□是□否	□是□否	□是□否	□是□否	□是□否	□是□否	□是□否	□齐全 □基本齐全 □不齐全	
			□是□否	□是□否	□是□否	□是□否	□是□否	□是□否	□是□否	□是□否	□齐全 □基本齐全 □不齐全	
			□是□否	□是□否	□是□否	□是□否	□是□否	□是□否	□是□否	□是□否	□齐全 □基本齐全 □不齐全	

填表说明：1."三检"/原始记录资料是否完整为"否"的，或全部检查项目为"否"的大于 6 项的，单元工程资料为不齐全。

2."三检"/原始记录资料是否完整为"是"的，其他检查项目为"否"的 1～5 项的，单元工程资料为基本齐全。

3.全部检查项目为"是"的，单元工程资料为齐全。

重要隐蔽(关键部位)单元工程施工质量结论核备总表

工程名称			
单位工程名称			
分部工程名称			
单元工程类别	序号	单元工程编码	联合小组鉴证日期
◎重要隐蔽　◎关键部位	1		
◎重要隐蔽　◎关键部位	2		
◎重要隐蔽　◎关键部位	3		
◎重要隐蔽　◎关键部位	4		
◎重要隐蔽　◎关键部位	5		
◎重要隐蔽　◎关键部位	⋮		

质量资料是否规范齐全:

质量评定验收程序是否合规:

监督检查问题是否完成整改:

核备结果:

核备人:

时间:(加盖公章)

注:本表为分部工程中所有重要隐蔽(关键部位)单元工程核备意见,各重要隐蔽(关键部位)单元工程核备质量评定表中"质量监督机构"不再另填核备意见。

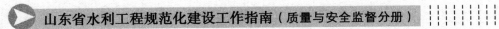

分部工程施工质量结论资料检查表

工程名称	
单位工程名称	
分部工程名称	
监理单位	
施工单位	
验收日期	

序号	资料名称	是否完整
1	分部工程验收鉴定书	
2	分部工程质量评定表	
3	分部工程质量检测资料	
4	验收申请报告	
5	单元工程质量评定汇总表	
6	单元工程质量评定资料	
7	原材料、中间产品、混凝土(砂浆)试件等检验与评定资料	
8	金属结构、启闭机、机电产品等检验及运行试验记录资料	
9	监理抽查资料	
10	设计变更资料	
11	质量缺陷备案表	
12	质量事故资料	
13	其他	

检查人：　　　　　　　　　　　时间：

（加盖公章）

分部工程施工质量结论核备表

工程名称：
单位工程名称：
分部工程名称：
施工单位：
验收日期：
质量资料是否规范齐全：
质量评定验收程序是否合规：
监督检查问题是否完成整改：
核备结果：   核备人： 时间：(加盖公章)

注：本表为分部工程核备意见，质量评定表中"质量监督机构"不再另填核备意见。

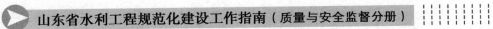

单位工程施工质量结论资料检查表

工程名称	
单位工程名称	
监理单位	
施工单位	
验收日期	

序号	资料目录	是否完整
1	单位工程验收鉴定书	
2	单位工程施工质量评定表	
3	单位工程施工质量检验与评定资料核查表	
4	单位工程完工质量检测资料	
5	单位工程外观质量评定表	
6	工程施工期及试运行期观测资料及分析结果	
7	竣工图	
8	质量缺陷备案资料(若无质量缺陷备案,说明情况)	
9	质量事故处理情况资料	
10	分部工程遗留问题已处理情况及验收情况	
11	未完工程清单、未完工程的建设安排	
12	验收申请报告	
13	工程建设管理工作报告	
14	工程建设监理工作报告	
15	工程设计工作报告	
16	工程施工管理工作报告	
17	其他	

检查人：　　　　　　　　　　时间：

（加盖公章）

单位工程施工质量结论核备表

工程名称	
单位工程名称	
项目法人	
监理单位	
施工单位	
评定日期	

质量资料是否规范齐全：

质量评定验收程序是否合规：

监督检查问题是否完成整改：

核备结果：

核备人：

时间：(加盖公章)

注：本表为单位工程核备意见，质量评定表中"质量监督机构"不再另填核定意见。

工程外观质量评定结论核备表

工程名称	
单位工程名称	
分部工程名称	
施工单位	
评定日期	

质量资料是否规范齐全：

质量评定程序是否合规：

监督检查问题是否完成整改：

核备结果：

核备人：

时间：(加盖公章)

注：本表为工程外观质量核备意见，质量评定表中"质量监督机构"不再另填核备意见。

工程竣工验收自查质量与安全结论核备表

工程名称	
施工单位	
自查日期	

各单位工程质量资料是否规范齐全：

各单位工程质量评定程序是否合规：

工程监督检查问题是否完成整改：

核备结果：

核备人：

时间：(加盖公章)

附录 Q 工程质量结论核备表

重要隐蔽(关键部位)单元工程质量结论核备表

报送日期： 年 月 日

工程名称			
单位工程名称			
分部工程名称			
序号	单元工程名称(部位)	开工、完工时间	联合签证质量等级
1			
2			
3			
4			
备查资料清单	(1)重要隐蔽(关键部位)单元工程质量等级签证表 (2)单元工程(工序)质量验收评定表、施工单位终检资料、监理抽检复核表等备查资料 (3)地质编录、测量成果、检测试验报告(岩芯试验、软基承载力试验、结构强度等) (4)其他资料(监理旁站资料、质量缺陷备案资料等)		
项目法人 认定意见	认定人： 负责人： (盖公章) 年 月 日		
质量监督单位 核备意见	核备人： 负责人： (盖公章) 年 月 日		

分部工程施工质量核备表

报送日期：　年　月　日

单位工程名称				施工单位			
分部工程名称				施工日期	自　年　月　日至　年　月　日		
分部工程量				评定日期	年　月　日		
项次	单元工程种类	工程量	单元工程个数	合格个数	其中优良个数	备注	
1							
2							
3							
4							
5							
6							
合计							
重要隐蔽单元工程、关键部位的单元工程							
施工单位自评意见		监理单位复核意见		项目法人认定意见			
本分部工程的单元工程质量全部合格,优良率为　　%,重要隐蔽单元工程及关键部位单元工程　　个,优良率为　　%。原材料质量　　,中间产品质量　　,金属结构及启闭机制造质量　　,机电产品质量　　。质量事故及质量缺陷处理情况： 分部工程质量等级： 评定人： 项目技术负责人：(盖公章) 　　　　年　月　日		复核意见： 分部工程质量等级： 监理工程师： 　　年　月　日 总监或副总监： 　　(盖公章) 　　年　月　日		审查意见： 分部工程质量等级： 现场代表： 　　年　月　日 技术负责人： 　　(盖公章) 　　年　月　日			
工程质量监督机构	核备意见： 　　核备人：　　负责人：　　(盖公章) 　　　　　　年　月　日						

注：若有代建单位,则按《水利工程建设项目代建实施规程》(DB37/T 4242—2020)附录 F 执行。

单位工程施工质量核备表

工程项目名称				施工单位			
单位工程名称				施工日期	自 年 月 日至 年 月 日		
单位工程量				评定日期	年 月 日		

序号	分部工程名称	质量等级 合格	质量等级 优良	序号	分部工程名称	质量等级 合格	质量等级 优良
1				8			
2				9			
3				10			
4				11			
5				12			
6				13			
7				14			

分部工程共　　个,全部合格,其中优良　　个,优良率　　%,主要分部工程优良率　　%。

外观质量	应得分　　,实得分　　,得分率　　%
施工质量检验资料	
质量事故处理情况	
观测资料分析结论	

施工单位自评等级: 评定人:(签名) 项目经理: （盖公章） 年 月 日	监理单位复核等级: 复核人:(签名) 总监或副总监: （盖公章） 年 月 日	项目法人认定等级: 复核人: 单位负责人: （盖公章） 年 月 日	质量监督机构核备意见: 核备人: 机构负责人: （盖公章） 年 月 日

注:若有代建单位,则按《水利工程建设项目代建实施规程》(DB37/T 4242—2020)附录F执行。

工程项目施工质量核备表

工程项目名称									
工程等级					设计单位				
建设地点					监理单位				
主要工程量					施工单位				
开工、竣工日期	年　月　日至 年　月　日				评定日期	年　月　日			

序号	单位工程名称	单元工程质量统计			分部工程质量统计			单位工程等级	备注
		个数（个）	其中优良（个）	优良率（％）	个数（个）	其中优良（个）	优良率（％）		
1									加△者为主要单位工程
2									
3									
4									
5									
6									
7									
8									
9									
10									
11									
单元工程、分部工程合计									

评定结果	本项目单位工程　　个,质量全部合格,其中优良工程　　个,优良率　　％;主要单位工程优良率　　％。
观测资料分析结论	

监理单位意见	项目法人意见	工程质量监督机构核备意见
工程项目质量等级： 总监理工程师： 监理单位：（公章） 　年　月　日	工程项目质量等级： 法定代表人： 项目法人：（公章） 　年　月　日	工程项目核备意见： 负责人：（签名） 质量监督机构：（公章） 　年　月　日

注:若有代建单位,则按《水利工程建设项目代建实施规程》(DB37/T 4242—2020)附录 F 执行。